NAISIA MATKALLA

Laila Heinemann

Naisia matkalla

tyttöjä, vaimoja ja ikäneitoja maailmalla

Kansikuva:

Julkaisusta Die Gartenlaube. 1869. By Various - Skannattu alkuperäisestä kirjasta, Public Domain, https://commons.wikimedia.org/w/index.php? curid=5984966

Kustantaja:
BoD™ – Books on Demand, Helsinki, Suomi

Valmistaja:
Books on Demand GmbH, Norderstedt, Saksa

ISBN: 978-952-80-0682-4

A lady an explorer? A traveller in skirts?
The notion's just a trifle too seraphic.
Let them stay at home and mind the babies,
*   or hem our ragged shirts;*
But they mustn't, can't and shan't be geographic!

- Pilalehti Punch, 1893

Sisällys

1. Johdanto

Tutkimus- ja seikkailumatkailun historia oli pitkään kovin miehistä. Vasta viktoriaanisella ajalla alamme saada lukeaksemme naisten kirjoittamia matkakertomuksia maailman kaukaisilta kolkilta. *The Times Literary Supplement* kuvasi tätä ilmiötä vuona 1907: "Tyttöjä Karpaateilla seurasivat vaimot Arabiassa ja ikäneidot Länsi-Afrikassa".

Lainauksen sävy oli tyypillinen. Alkuun naisten matkailua pyrittiin vähättelemään syystä ja toisesta. Kun englantilainen Kate Marsden matkusti reellä halki Siperian, hän oli vain sairaanhoitaja Punaisen Ristin palveluksessa. Itävaltalaisen Ida Pfeifferin kirjoitettua ansiokkaan kuvauksen matkasta Palestiinaan, se kuitattiin vain pyhiinvaellusmatkana – hänen seuraavalle matkakuvaukselleen Islannista oli tosin tämän jälkeen hiukan vaikea keksiä epiteettiä.

Silloinkin, kun näitä matkakertomuksia kehuttiin, niitä ei erehdyksessäkään verrattu miesten kirjoittamiin. Vertailukohdaksi etsittiin aina toinen naismatkailija, vaikka hän olisi ollut eri sukupolveakin ja matkustellut aivan toisella puolella palloa. Getrude Belliä ei verrattu ystäväänsä ja kollegaansa Arabian Lawrenceen eikä May

9

French Sheldonia tuttavaansa ja innoittajaansa Henry Stanley'in.

Tuntemattomilla seuduilla matkailevia miehiä pidettiin sankareina, naisia kummajaisina.

2. Nainen ja kaukokaipuu

Vuonna 1836 pieni, hento nainen pitkässä mustassa puvussa ja valkoisessa pitsihilkassa seisoo rannalla Triesten satamakaupungissa, Italiassa. Hän näkee meren ensimmäistä kertaa elämässään ja tunne, että sen takana avautuu koko maailma, on kiehtova. Koko ikänsä hän on haaveillut kaukaisista maista.

Nainen on itävaltalainen Ida Laura Pfeiffer.

Hän syntyi Wienissä vuonna 1797. Hän oli kuusilapsisen perheen ainoa tyttö, ja isä kasvatti hänet samalla tavoin kuin veljetkin. Hän peri vaatteensakin veljiltään ja myös häntä rohkaistiin urheilullisiin harrastuksiin. Tyttöä viehättivätkin kaikenlaiset seikkailut. Lisäksi pikku Ida rakasti yli kaiken matkakirjoja – hänen ihanteensa olivat löytöretkeilijöitä ja tutkimusmatkailijoita. Isä kuitenkin kuoli tyttären ollessa yhdeksänvuotias ja sen jälkeen äiti alkoi opettaa hänelle naisellisempia asioita – ja pukea hänet hameisiin, joita hän vihasi.

Seitsemäntoista ikäisenä hän rakastui mieheen, joka oli ollut hänen kotiopettajanaan. He jakoivat muun muassa kiinnostuksen matkailuun. Tunne oli molemminpuolinen, mutta äiti ei hyväksynyt liittoa. Lopulta kapinallinen Ida alistui äidin tahtoon, ja suostui jopa vaatimukseen hyväksyä ensimmäinen kosinta, jota äiti piti soveliaana. Tämän kosinnan esitti viisi vuotta myöhemmin Idaa huomattavasti vanhempi leskimies, Mark Anton Pfeiffer, jonka hän oli tavannut vain kerran.

Pfeiffer oli lakimies ja asui Lembergissä (nykyinen Lvov Ukrainassa). Perheeseen syntyi kaksi poikaa ja tyttö, joka kuoli vain muutaman päivän ikäisenä. Avioliitosta tuli olosuhteisiin nähden onnistunut, sillä kumpikin kunnioitti toistaan.

Pfeiffer oli äärimmäisen oikeudenmukainen mies, mutta sen sijaan, että se olisi edistänyt hänen uraansa, hän joutui epäsuosioon voitettuaan oikeusjutun korruptoituneita virkamiehiä vastaan. Hän menetti asemansa ja samalla tulonlähteensä. Perhe matkusti edestakaisin Wienin ja Lembergin väliä miehen etsiessä töitä. Idan isänperintö hupeni nopeasti. Perhettä elättääkseen Ida alkoi antaa salaa maalauksen ja soiton opetusta, mutta sekään ei suinkaan riittänyt entisen elintason ylläpitoon.

Äitinsä kuoleman jälkeen Ida palasi poikiensa kanssa Wieniin, jossa hän toivoi pystyvänsä veljiensä tuella ja pienellä äidinperinnöllään tarjoamaan heille kunnollisen koulutuksen. Lopulta hän päätti jäädä Wieniin pysyvästi – aviomies jäi Lembergiin. Vuotta myöhemmin Ida matkusti Triesteen nuoremman poikansa kanssa, joka oli lupaava muusikko. Ja siellä hän näki meren.

Kun pojat sitten olivat valmistuneet ja perustaneet omat perheensä, Ida oli viimein vapaa. Hän oli 45-vuotias ja päätti toteuttaa elinikäisen unelmansa: matkustaa. Siihen hän kuluttikin sitten koko loppuelämänsä.

KUVA 1: Ida Pfeiffer.
(Kuva teoksesta Die Gartenlaube 1897)

Vuosisadan loppupuolella Lontoon Islingtonissa myös Mary Kingsley vietti nuoruutensa unelmoiden matkoista kaukaisiin maihin.

Maryn isä oli levoton sielu, joka harjoitti lääkärin ammattiaan milloin missäkin päin maailmaa. Hän vietti kotona korkeintaan pari kuukautta vuodessa ja perhe sai tyytyä kirjeisiin, joissa kerrottiin tropiikista, kannibaaleista ja maanjäristyksistä. Äiti puolestaan oli oppimaton ja kärsi mielenterveysongelmista. Maryn osaksi tuli huolehtia äidistään, ja veljen käydessä yksityiskoulua hänen koulutukseensa ei panostettu mitään. Tytär kuitenkin opiskeli omin päin – jopa fysiikkaa ja kemiaa – lukemalla läpi isänsä kirjastoa.

Kun isä alkoi olla liian huonossa kunnossa enää matkustaakseen, hän keskittyi toimittamaan laajoja muistiinpanojaan julkaisemista varten. Mary sai armollisesti käydä saksan kielen kurssin, koska isä tarvitsi apua antropologisissa tutkimuksissaan (siihen aikaan kaikki johtavat antropologit olivat saksalaisia).

Sitten Maryn isä kuoli yllättäen ja äiti vain viisi viikkoa myöhemmin. Mutta sen sijaan, että olisi voinut aloittaa oman elämän, Mary joutui nyt ryhtymään veljensä taloudenhoitajaksi.

Perintönsä turvin hän kuitenkin pääsi matkustamaan Pariisiin ja suoritti siellä lyhyen sairaanhoitajan tutkinnon erikoistuen trooppiseen lääketieteeseen. Sitten hän lähti Teneriffalle päästäkseen trooppiseen ilmastoon. Kanarian saaret tekivät häneen lähtemättömän vaikutuksen. Hänkin koki vapauden ensimmäistä kertaa elämässään – hän oli 30-vuotias.

Siihen aikaan siellä oli turistien joukossa myös paljon kauppaedustajia ja laivanvarustajia, jotka olivat tulleet Afrikan mantereelta lepäämään ja toipumaan taudeistaan. Hotellin ruokasalissa hän kuunteli kiinnostuneena heidän juttujaan, ja siellä heräsi todellinen intohimo: hänen oli päästävä Länsi-Afrikkaan.

Maryn palattua kotiin sisarukset hankkivat yhteisen asunnon Lontoon Kensingtonista. Veli oli kuitenkin myös perinyt isän vaellushalun ja lähti pian puoleksi vuodeksi Kaukoitään (hänen matkailuaan ei kukaan kummastellut). Mary otti tilaisuudesta vaarin ja ryhtyi tekemään omia matkavalmisteluja.

Kirjansa *Travels in West Africa* johdannossa hän itse kertoo:

Vuonna 1893 minulla oli ensimmäistä kertaa viisi tai kuusi kuukautta aikaa, jolloin minulla ei ollut ylitsepääsemättömiä esteitä, ja oloni oli kuin pikkupojalla, joka oli juuri saanut puolikruunusen. Mietin, kuten herra Bunyan sanoisi, mitä niillä tekisin. "Mene tutustumaan siihen tropiikkiisi", sanoi Tiede. Minne ihmeessä menisin? kummastelin, sillä tropiikkihan on tropiikkia kaikkialla, mistä sitä löytyy. Niinpä otin esille kartaston ja näin, että määränpääni pitäisi olla joko Etelä-Amerikka tai Länsi-Afrikka, sillä Malaijan alue oli liian kaukana ja liian kallis. [1]

---

1   Kingsley: Travels in West Africa. Introduction (käännös kirjoittajan)

15

Hän päätyi Länsi-Afrikkaan, jonne teki myös myöhemmät matkansa. Ne kaikki hän teki veljen ollessa poissa, ja kiirehti aina välillä Lontooseen hoitamaan tämän taloutta.

ᢦᢥ

Kaikki kuuluisat naismatkailijat eivät kuitenkaan olleet yhtä alistuvaisia. Jotkut heistä olivat olleet "sosiaalisia häiriköitä" koko elämänsä.

Englantilaisen Jane Digbyn koko suku oli kuuluisa seikkailuistaan. Hänen isänsä oli merisankari, joka kunnostautui muun muassa Trafalgarin taistelussa *HMS African* komentajana. Esi-isä Sir Kenelm Digby oli purjehtinut itämaille jo 1600-luvulla, ja serkku Henry Anson yritti päästä valepuvussa Mekkaan – yritys epäonnistui, hän joutui vankilaan ja sai siellä ruttotartunnan, johon kuoli kotimatkalla.

Jane syntyi vuonna 1807 perheen esikoisena. Vanhemmat olivat toivoneet poikaa, mutta hänen tätinsä vakuutti heille että "kunhan tyttö on terve ja lupaava, emme saa halveksia hänen sukupuoltaan". Myöhemmin hän saikin kaksi veljeä ja häntä hemmoteltiin ainoana tyttärenä.

Koska isä vietti paljon aikaa merillä, asui äiti lapsineen pitkiä aikoja oman isänsä Thomas Coken luona. Siellä Jane sai kotiopetusta yhdessä veljiensä ja poikaserkkujensa kanssa (heihin kuului myös jo edellä mainittu seikkailija Henry Anson). Isoisä Coke oli erittäin sivistynyt mies, joka rohkaisi Janeakin ratsastamaan, opettelemaan eläinten hoitoa, lukemaan klassikoita ja tutustumaan niin muinaishistoriaan kuin nykyajan politiikkaankin. Pikku Jane pitikin paljon enemmän ratsastuksesta kuin tyttöjen leikeistä.

Jane suoritti debyyttinsä hovissa vain kuudentoista ikäisenä. Debytantit astuivat ennen muuta avioliittomarkkinoille, ja kuvankaunis Jane herätti heti suurta huomiota. Ihailijoista Lordi Ellenborough ehti ensimmäisenä kosimaan. Hän oli 34-vuotias – ei siis vanha, mutta silti kaksi kertaa Janea vanhempi – ja leskimies. Hän oli rikas ja komea poliitikko, opiskellut Etonissa ja Cambridgessä. Jane suostui kosintaan omasta halustaan, vaikka jotkut huhut myöhemmin väittivätkin, että hänet pakotettiin siihen.

Avioliitto kuitenkin epäonnistui täydellisesti. Ongelmaksi ei muodostunut niinkään ikäero kuin ero elämänkokemuksissa. Jane ikävystyi pian perinteisessä vaimon roolissa ja karkasi sveitsiläisen rakastajan perässä ensin Pariisiin ja sitten Müncheniin. Tämäkään suhde ei onnistunut ja Jane sukkuloi vuosikaudet ympäri Eurooppaa. Saksassa hänestä tuli paronitar von Venningen ja Kreikassa kreivitär Theodoky. Näiden aviomiesten lisäksi hänellä oli lukuisia rakastajia, joiden kanssa hän asui avoimesti milloin Pariisissa, milloin Ateenassa – hänellä huhuttiin olleen suhde myös Baijerin silloisen kuninkaan kanssa (joka myöhemmin nai toisen skandaalikaunottaren, Lola Montezin).

Tänä päivänä Janea luultavasti kutsuttaisi epäkypsäksi ja ikäistään lapsellisemmaksi. Hyvästä koulutuksestaan huolimatta hänen maailmankuvansa oli muotoutunut ennen muuta hovin tanssiaisissa. Hän oli viettänyt hyvin suojattua elämää ja kaunottarena saanut osakseen paljon huomiota. Hän oli hemmoteltu yläluokkainen tytönhupakko, joka oli tottunut saamaan kaiken, mitä halusi.

Erottuaan myös Theodokysta Jane alkoi matkustella yhdessä uskollisen kamarineitinsä kanssa. Päiväkirjat näiltä vuosilta eivät ole säilyneet, mutta hän kävi ainakin Turkissa ja Egyptissä. Matkusteltuaan vielä Italiassa ja Sveitsissä hän palasi jälleen Ateenaan, josta oli tullut kotikaupunki – häntä ei hyväksytty enää takaisin sen enempää Englannin kuin Saksankaan seurapiireihin.

Ateenassa syttyi vielä yksi tulinen romanssi. Kaupungilla kiersi huhuja, että mies käytti vain hyväkseen hänen rikkauksiaan, mutta hän sivuutti ne pelkkänä panetteluna. Kuolinisku suhteelle tulikin aivan odottamattomalta suunnalta – kävi selville, että miehellä oli suhde myös Janen kamarineidin kanssa.

Kun Jane huhtikuussa 1853 nousi Pireuksessa Syyriaan lähtevään laivaan, tarkoitus oli alun perin ollut lähteä vain ostamaan arabialaisia hevosia. Mutta tuore pettymys muutti matkasuunnitelmat. Enää ei ollut mitään syytä palata. Niin Jane päätti paneutua jälleen muinaishistoriaan. Hän suunnitteli matkustavansa Jerusalemin kautta Damaskokseen ja sieltä Palmyran rauniokaupunkiin. Laivamatkalla hän luki kaikki viimeisimmät Syyriaa käsittelevät teokset.

Perinteisen Palestiinan kierroksen jälkeen häntä odotti Genesaretin järven pohjoispuolella uusi opas joukkoineen. Nämä miehet kuuluivat Mezrabin beduiiniheimoon, joka hallitsi aavikkoa Palmyran ympärillä. Eurooppalaisten kasvava kiinnostus alueeseen oli tuonut heille uuden tulolähteen opaspalveluista.

Joukkoa johti sheikin nuorempi veli Medjuel el Mezrab, joka oli vähän alle kolmekymppinen, hyvin koulutettu ja komea – Jane tosin ihastui ensimmäiseksi hänen hevoseensa. Hänestä tuli kuitenkin myöhemmin Janen viimeinen aviomies, ja tämä liitto kesti kaikkiaan 25 vuotta. Kaikkien villien vaellusvuosiensa jälkeen Jane oli löytänyt elämän, joka sinällään oli tarpeeksi eksoottista ja seikkailurikasta.

Kaikki isoisän opetukset tulivat täällä myös tarpeeseen: arabialaiset sheikit ihailivat hänen taitoaan käsitellä hevosia ja metsästää ja kunnioittivat hänen neuvojaan vaikeissa poliittisissa oloissa.

Hän itse kuvailee elämäänsä aavikolla kirjeessään veljelleen:

Ratsastustaitoni ja todellinen kiintymykseni eläimiin on tehnyt minusta heidän suosikkinsa, ja pystyn nyt ratsastamaan nopeimmalla mekkalaisella dromedaarilla halki aavikon heistä parhaimpien kanssa! Metsästämme kauniilla haukoilla ja persialaisilla ajokoirilla, pyydystämme villivuohia, antilooppeja, harmaita kurkia jne. ja olen ampunut Djerboan (eräänlainen kenguru) heidän hämmästykseen. Heidän naisensa, jotka ratsastavat vain kameleilla, ovat aina peloissaan telttojensa ulkopuolella. [2]

---

2 Kirjeestä Kenelm Digbylle 17.7.1859. Siteerattu Lovell, s. 240
   (käännös kirjoittajan)

Ellenborough'n pariskunnan ero oli aikanaan ollut yksi Lontoon kohutuimmista skandaaleista. Jopa kunnianarvoisa *The Times* oli omistanut oikeudenkäynnille koko etusivunsa, ja sen vaiheita oli seurattu kuin keltaisessa lehdistössä konsanaan. Janen seikkailut olivat otsikoissa Englannin lehdissä sen jälkeenkin vielä vuosikymmeniä – hän oli aikansa lööppikuningatar. Usein nämä jutut olivat suuresti paisuteltuja ja joskus täysin perättömiäkin. Maaliskuussa 1873 ilmestyi *Morning Post*issa jopa Janen muistokirjoitus. Paitsi että kuolinuutinen itsessään ei pitänyt paikkaansa, kaikki muukin siinä oli väärin. Sen mukaan Janen yhdeksäs *(sic!)* aviomies oli ollut Abdul, hänen entinen kamelinajajansa. Janelle tuotti suunnatonta vaivaa kirjoittaa kaikille sukulaisille ja ystäville vakuuttaen olevansa yhä elossa.

⁊

Vielä epäsovinnaisempi oli Isabelle Eberhardtin tarina sata vuotta myöhemmin. Hänkin avioitui lopulta arabin kanssa, mutta sitä ennen hänen elämänsä oli hyvin toisenlaista kuin Janen.

Seikkailu oli hänelläkin verissä, sillä jo vanhempien vaiheet olivat hyvin värikkäät. Isabellen äiti Nathalie oli saksalais-venäläinen, joka oli nuorena naitettu 40 vuotta vanhemmalle venäläiselle senaattorille. Hän kuitenkin rakastui tulisesti perheen kolmelle lapselle palkattuun kotiopettajaan, armenialaiseen Alexander Trofimovskiin. Nuori vaimo ja kotiopettaja karkasivat lopulta yhdessä – myös Trofimovski jätti puolison ja perheen. He muuttivat ensin Istanbuliin, sitten Napoliin ja lopulta Geneveen, jossa heille syntyi vielä kaksi yhteistä lasta, poika Augustin ja tytär Isabelle. Trofimovski ei kuitenkaan koskaan tunnustanut heitä ja niin Isabelle sai sukunimekseen äitinsä tyttönimen Eberhardt.

Trofimovski oli eksentrinen persoona, joka halusi luoda heidän Geneven talostaan omavaraisen tilan tolstoilaisessa hengessä. Hän oli myös vainoharhainen ja syytti naapureitaan milloin viljelystensä sabotoinnista, milloin vakoilusta Venäjän hallinnolle. Riidat olivat jatkuvia ja johtivat usein myös oikeusjuttuihin. Lapsia hän kasvatti spartalaisessa kurissa vaatien heitä tekemään raskasta työtä ja muitakin ruumiillisia harjoituksia – myös tyttäret hän puki miesten vaatteisiin ja leikkasi heidän tukkansa lyhyeksi. Kouluun hän ei lapsia päästänyt, vaan opetti heitä itse. Opetukseen kuului muun muassa lääketiedettä ja Koraania (ei Raamattua) sekä kieliä.

Kotikoulun jälkeen Isabelle puhuikin sujuvasti useimpia eurooppalaisia kieliä sekä klassista arabiaa. Äitinsä kanssa hän puhui ranskaa (kuten Venäjän seurapiireissä siihen aikaan oli tapana), ja tällä kielellä hän myös kirjoitti. Kirjoittaminen oli hänelle alkuun pakokeino arjesta, myöhemmin ammatti.

Kotiolot kävivät kuitenkin vähitellen sietämättömiksi arvaamattoman Trofimovskin komennossa – Nathalien kolmesta vanhimmasta lapsesta vanhin poika palasi isänsä luo Venäjälle, tyttö karkasi nuorena naimisiin ja nuorempi poika teki itsemurhan. Augustin liittyi muukalaislegioonaan. Isabelle pakeni yhdessä äitinsä kanssa Algeriaan, missä he molemmat kääntyivät islaminuskoon.

Nathalie ja Isabelle asuivat alkuun ranskalaisessa siirtokunnassa Bônessa (arabiaksi Annaba), josta Augustinin ystävät olivat järjestäneet heille talon. Täälläkin he kuitenkin pian ajautuivat törmäyskurssille naapuriston kanssa – ranskalaiset eivät katsoneet hyvällä heidän seurusteluaan paikallisten kanssa, he puolestaan eivät pitäneet muiden eurooppalaisten ylimielisestä asenteesta arabiväestöä kohtaan. Niin he muuttivat kauas arabikortteleihin. Siellä Isabelle omaksui tavan pukeutua mieheksi, koska ei naisena olisi voinut liikkua ulkona yksin eikä ilman huntua.

Isabelle jumaloi äitiään, jota hän kutsui "Valkeaksi hengeksi". Mutta vain kuusi kuukautta Algeriaan saapumisen jälkeen äiti kuoli sydänkohtaukseen.

Isabelle jäi Algeriaan. Hän jatkoi novellien ja esseiden kirjoittamista ja sai niitä julkaistuksi ranskalaisissa lehdissä. Tulot niistä eivät kuitenkaan riittäneet elämiseen, ja kun rahat alkoivat loppua, hänen oli palattava Geneveen. Siellä hän rakastui turkkilaiseen lähetystövirkailijaan, joka toivoi saavansa seuraavan pestin jonnekin arabimaihin. Mies siirrettiin kuitenkin Haagiin, eikä Isabelleä kiinnostanut diplomaatinrouvan ura puritaanisessa Hollannissa. Suhde viileni.

Isabelle muutti nyt veljensä kanssa Tunisiaan ja vietti siellä hyvin epäsovinnaista elämää. Vaikka hän oli syvästi uskovainen muslimi, hän silti joi alkoholia ja poltti vesipiippua paikallisissa kahviloissa ja harrasti seksiä varsin vapaamielisesti. Eräs paikallinen eurooppalainen kuvasi häntä sanoen: "Hän joi enemmän kuin legioonalainen, poltti vesipiippua enemmän kuin huumeiden orja ja nai pelkästä naimisen ilosta."

Hän ryhtyi käyttämään vallan miesten vaatteita ja matkusteli ympäri maata vapaasti. Hänen matkakumppaninsakaan eivät aina tienneet hänen olevan nainen. Hän käytti miehistä salanimeä Si Mahmud Saadi.

Koko lyhyen elämänsä hän sukkuloi Euroopan ja arabimaiden väliä, palaten aina uudelleen ja uudelleen aavikoille, joita rakasti.

෫

Nämä pitkään alistetut naiset ja nuoret villikot olivat kaksi ääripäätä, joiden väliin mahtui luonteiden ja kohtaloiden koko kirjo. Yhteistä kaikille kuuluisille naismatkailijoille kuitenkin oli, että he olivat jo pienestä pitäen janonneet seikkailuja ja tietoa kaikesta eksoottisesta, ahmineet jännityskirjoja ja matkakertomuksia. Englantilainen Marianne North kuvailee muistelmissaan oppineensa historiaa Walter Scottilta ja Shakespearelta ja maantiedettä sellaisista kirjoista kuin Robinson Crusoe. Kirjat ja kirjoittaminen tai – kuten Mariannen tapauksessa – maalaaminen muodostuivat tytöille usein keinoksi paeta eksoottisempiin maisemiin.

Silti heillä ei ollut väyliä toteuttaa tätä kaukokaipuutaan oikeassa elämässään. Entisaikaan he eivät voineet lähteä miesten tapaan merille tai liittyä valloittaja-armeijaan, eivät yleensä edes saada virkaa siirtomaahallinnosta. He saattoivat korkeintaan päästä naimisiin jonkun kanssa, joka sai tällaisen viran – ja useat näistä vaimoista taas viettivät aikansa kaukomailla järjestäen teekutsuja puutarhoissaan ja juhlien suljetuilla kerhoillaan. Harvempi heistä ratsasti Lady Burtonin tapaan miehensä seurassa aavikoilla.

Isabel Burton oli alun perinkin ihastunut mieheensä nimenomaan tämän seikkailijamaineen vuoksi, ja valmistautui avioliittoonsa määrätietoisesti opetellen ampumaan, miekkailemaan, ratsastamaan hajareisin miesten satulassa ja pystyttämään telttoja – tähän hänellä oli myös runsaasti aikaa, koska he onnistuivat menemään naimisiin vasta kymmenen vuoden kuluttua johtuen Isabelin vanhempien sinnikkäästä vastustuksesta. Sir Richard olikin hankala luonne, ja kun hänet myöhemmin erotettiin konsulinvirasta Damaskoksessa, hän jätti vaimolleen vain lyhyen viestin: "Maksa laskut, pakkaa, ja tule perässä". Ja Lady Isabel seurasi jälleen kerran.

Myös tutkimusmatkailija Livingstonen vaimo seurasi miestään matkoille syvälle Afrikan mantereen sisäosiin. Mutta hän olikin lähetyssaarnaajan tytär, joka oli kasvanut Afrikassa ja opetettu kuuliaiseksi. Hän kuljetti mukanaan vielä alati kasvavaa lapsilaumaansakin. Vasta kun hän oli synnyttänyt viidennen lapsensa pensaan alla savannilla, anoppi sai Livingstonen suostuteltua lähettämään nääntyneen vaimonsa lapsineen kotiin Englantiin. Mary Livingstone viipyi siellä neljä vuotta, mutta palasi sitten Afrikkaan liittyäkseen jälleen miehensä retkikuntaan. Hän kuoli pian sen jälkeen Sambesi-joella saamaansa kuumetautiin.

Vain lähetyssaarnaajan ja sairaanhoitajan ammatit olivat yksinäisille naisille yleisesti hyväksytty syy ylittää rajoja – monet sairaanhoitajatkin olivat saaneet koulutuksensa nimenomaan lähetysseurojen järjestämillä kursseilla. Kaukaisemmilla seuduilla sairaalat sijaitsivat usein lähetysasemien yhteydessä.

Sairaanhoitaja Kate Marsdenkin, joka vuonna 1890 matkasi 18 000 kilometriä halki Siperian junilla, laivoilla, reellä ja ratsastaen, oli käynyt tällaisen lähetysseuran järjestämän kurssin. Mutta uskonnon levittämisen sijasta hän yritti löytää parannuskeinoa lepraan. Tässä yrityksessä häntä tukivat sekä Englannin kuningatar Victoria että Venäjän keisarinna Maria Fedorovna – jälkimmäisen huomion hän oli saanut hoitaessaan haavoittuneita venäläisiä sotilaita Punaisen Ristin sairaalassa Bulgariassa Venäjän ja Turkin välisen sodan aikana. Juuri siellä hän oli ensimmäisen kerran tavannut myös leprapotilaita. Myöhemmin hän kohtasi tautia uudelleen Uudessa-Seelannissa, jossa työskenteli jonkin aikaa.

Hän alkoi haaveilla erikoistumisesta tämän taudin hoitoon Britannian siirtomaissa, ja matkustelikin Egyptissä, Palestiinassa ja Turkissa. Konstantinopolissa hän kuitenkin tapasi brittiläisen lääkärin, joka kertoi lääkeyrtistä, joka mahdollisesti sopisi tarkoitukseen. Yrttiä kasvoi Siperiassa.

Niinpä Kate lähti Siperiaan. Hän varustautui kylmää vastaan vaatetuksella, joka oli niin paksu, että tarvittiin kolme miestä nostamaan hänet rekeen. Hänellä oli mukanaan myös 18 kiloa englantilaista jouluvanukasta – se

25

KUVA 2: Kate Marsden asussa, jossa hän matkasi halki Siperian
(Kuva teoksesta On Sledge and Horseback to the Outcast Siberian
Lepers. 1892)

kun tunnetusti kestää hyvin pilaantumatta (onneksi hän myös piti siitä paljon).

Jakutskista hän lopulta löysi etsimäänsä yrttiä, mutta siitä ei ollut lepralääkkeeksi. Hän jäi silti joksikin aikaa hoitamaan näitä potilaita Siperiaan ja palasi seudulle uudelleen vielä myöhemmin.

Kotona Englannissa hän perusti *St Francis Leprosy Guild* -nimisen hyväntekeväisyysjärjestön, joka toimii edelleen. Hän ei silti saanut sankarin vastaanottoa, vaan joutui sen sijaan homofobisen vainon kohteeksi – sillä perusteella yritettiin jopa kyseenalaistaa koko matkan motiivi. Hän oli Pietarissa tunnustanut ripillä sikäläiselle englantilaiselle papille olleensa "moraalittomassa suhteessa" naisen kanssa, ja pian alettiin juoruilla, että koko matka oli ollut vain sovitus tästä synnistä. Häntä syytettiin myös epäselvyyksistä järjestön raha-asioissa ja näidenkin syytösten takana olivat samat tahot.

Vasta myöhemmin hän on saanut ansaitsemaansa tunnustusta lääketieteellisistä ja maantieteellisistä ansioistaan, ja häntä kunnioitetaan yhä Siperiassa – aivan vastikään hänen kunniakseen pystytettiin suuri patsas Sosnovkan kylään.

൵

Varsinaisista lähetystyöntekijöistäkään kaikki eivät vetäytyneet asemiensa suojaan, vaan lähtivät levittämään uskoaan todella tiettömien taipaleiden taakse.

Englantilainen Annie Royle Taylor työskenteli 1800-luvun lopulla Aasiassa ja vaelsi ensimmäisenä naisena – ja ensimmäisenä eurooppalaisena – halki Tiibetin. Hän oli alkujaan lähtenyt lähetyssaarnaajaksi Kiinaan, mutta erittäin hankalan luonteensa vuoksi ajautui erimielisyyksiin hänet lähettäneen järjestön kanssa. Koska hänen isänsä oli hyvin varakas, hän ei välttämättä tarvinnut järjestön tukea, ja niin hän päätti lähteä omin päin käännyttämään tiibetiläisiä. Vuonna 1892 hän lähti Kiinasta vaeltamaan kohti Lhasaa, mutta ei koskaan onnistunut pääsemään perille saakka tähän "kiellettyyn kaupunkiin" – hän joutui kääntymään takaisin vain kolmen päivämatkan päästä.

Hän perusti myöhemmin järjestön nimeltä *Tibetan Pioneer Mission*, joka harjoitti evankelioimistyötä Sikkimin ja Tiibetin raja-alueilla. Tämäkin järjestö hajosi pian erimielisyyksiin, ja Annie liittyi sairaanhoitajana kenraali Younghusbandin retkikuntaan, joka valloitti Tiibetin briteille vuosina 1903-1904.

Juuri Annien järjestelmällinen toiminta sai tiibetiläiset viranomaiset sulkemaan rajat kaikilta ulkomaalaisilta – tämä taas vaikeutti suuresti orientalisti Alexandra David-Neelin lähtöä samalle vaellukselle 30 vuotta myöhemmin. Toisin kuin Annie Alexandra onnistui silti lopulta pääsemään perille Lhasaan.

∽

Lähetysasemat sijaitsivat kaukaisemmilla alueilla kuin muut eurooppalaiset siirtokunnat, ja myös matkailijat – sekä miehet että naiset – saivat niistä tarvitessaan majoituksen ja/tai turvapaikan.

Antropologiasta kiinnostuneet tutkimusmatkailijat joutuivat kuitenkin usein törmäyskurssille lähetystyöntekijöiden kanssa. Monet näistä saarnasivat uskontonsa lisäksi myös länsimaisia tapoja – kuumassa tropiikissakin ihmiset haluttiin pukea peittäviin "siveisiin" eurooppalaisiin vaatteisiin ja monia perinteisiä tapoja haluttiin kieltää. Mary Kingsley, joka tosin itse esiintyi aina siveästi ja sovinnaisesti pukeutuneena, suhtautui hyvin kielteisesti lähetystyöntekijöihin Afrikassa juuri tästä syystä.

Yhden lähetystyöntekijän kanssa hän kuitenkin ystävystyi läheisesti. Tämä oli hänen Nigeriassa tapaamansa lähetyssaarnaaja Mary Slessor, joka suhtautui työhönsä avoimemmin mielin.

Mary Slessor oli entinen tekstiilityöntekijä Dundeesta, Skotlannista. Tehtaaseen hän oli joutunut lähtemään jo 11-vuotiaana auttaakseen suuren perheen elatuksessa. Myöhemmin hän kuitenkin päätti lähteä presbyteerisen kirkon lähetystyöhön Nigeriaan. Hänen äitinsä oli harras presbyteeri, ja hän itse ihaili yli kaiken tutkimusmatkailija Livingstonea. Hän työskenteli alkuun rannikkokaupunkien lähetysasemilla, ja lähetti tästäkin työstä saamastaan palkasta suurimman osan kotiin perheelleen. Vähitellen hän lähti syvemmälle sisämaahan. Siinä vaiheessa, kun Mary Kingsley hänet tapasi, hän oli asunut jo 18 vuotta yksin viidakossa. Hän kunnioitti alkuasukkaiden tapoja eikä yrittänyt väkisin länsimaistaa heitä. Hän oli ympäröiville heimoille arvostettu opettaja ja auttaja. Hän eli yksinkertaista elämää, asui pienessä majassa ja söi paikallista ruokaa.

Ensimmäinen vaikutelma hänen lähetysasemastaan oli kuitenkin outo – joka puolella vilisi lapsia, jotka kaikki näyttivät olevan kaksosia. Kävi ilmi, että Itä-Nigeriassa kaksosten syntymään suhtauduttiin taikauskoisesti ja sitä pidettiin suurena onnettomuutena (monilla muilla alueilla Afrikassa kaksosia pidettiin onnen tuojina ja jopa pyhinä). Mary Slessor oli ottanut hoiviinsa kaikki kaksosten äidit, jotka oli karkotettu omista kylistään.

Vaikka Mary Slessor muuten kunnioittikin heimojen perinteisiä tapoja, tämän taikauskon kitkemiseksi hän teki uraauurtavaa työtä, samoin tyttöjen koulutuksen hyväksi ylipäätään.

Tältä vanhalta lähetystyöntekijältä Mary Kingsley sai paljon arvokasta antropologista tietoa, joka oli hänen varsinainen kiinnostuksen kohteensa. Myös tohtori Livingstone on puhunut arvostaen Mary Slessorin työstä. Hänet nimitettiin myöhemmin Britannian varakonsuliksi Okoyongin alueelle. Hän ei koskaan enää palannut Skotlantiin vaan asui lähetysasemallaan kuolemaansa saakka.

3. Maalausteline ja henkilökohtaisia tuloja

Aikaisemmin naisilla oli matkalle lähtiessään kaksi kynnystä ylitettävänä: ensin yhteiskunnallinen ja vasta sitten henkilökohtainen.

Naisen paikan katsottiin pitkään olevan kotona palvelemassa miestään ja synnyttämässä lapsia. Viktoriaanisella kaudella tämä patriarkaalinen asenne oli voimakkaimmillaan: itse kuningatar Victoria pyrki asemastaan huolimatta olemaan ennen muuta esimerkillinen vaimo ja äiti.

May French Sheldonin lähtiessä Afrikkaan *Spectator*-lehti kirjoitti:

- - kauhistuttavaa on, että tämä Vaeltajanainen luultavasti rohkaisee entisestään sitä naisellista levottomuuden tunnetta ja kateutta, joka aina ajaa kauniimpaa sukupuolta todistelemaan yhdenvertaisuuttaan. [3]

Alempien luokkien naiset joutuivat tosin menemään töihin kodin ulkopuolellekin, mutta heidän ansionsa tarvittiin viimeistä penniä myöten perheen elättämiseen,

---

3   Anderson: Women and the politics of travel; s. 21

31

eikä heillä ollut minkäänlaista mahdollisuutta edes haaveilla suuresta maailmasta.

Entisaikojen naismatkailijat olivatkin jo lähtökohtaisesti vapaampia kuin sen ajan naiset yleensä. He olivat useimmiten taustaltaan yläluokkaa tai varakasta keskiluokkaa. Englantilaista Edith Durhamia – joka myöhemmin tunnettiin Balkanin alueen asiantuntijana ja avustustyöntekijänä – kuvailtiinkin alkuun vain "yhdeksi niistä naismatkailijoista, joilla on maalausteline ja henkilökohtaisia tuloja".

Tosin naiset eivät aina pystyneet käyttämään edes henkilökohtaisia tulojaan. Ruotsalainen kirjailija Fredrika Bremer pääsi matkustamaan omin päin vasta, kun hän oli voittanut oikeusjutun veljeään vastaan omista kirjoistaan saamiensa tulojen hallinnasta. Ruotsin lain mukaan naimattomien naisten varoja hallinnoi vielä siihen aikaan heidän lähin miespuolinen sukulaisensa, ja tämä koski myös naisten itse ansaitsemia rahoja.

Naiset saattoivat entisinäkin aikoina kuitenkin matkustaa siirtomaahallinnossa palvelevien sukulaisten tai tuttavien vieraaksi – naismatkailun perinne onkin vahvin juuri maissa, joilla on ollut siirtomaita. Maalausteleensä kanssa matkaillut ja myös lukuisia matkakirjoja julkaissut skotlantilainen Constance Gordon Cumming lähti ensimmäiselle matkalleen Intiaan siellä asuvan sisarensa luo (hän viipyi siellä kaksi vuotta). Ceylonille hänet kutsui tuttava, joka toimi piispana Colombossa. Tyynelle merelle hän matkusti sen jälkeen, kun hänen sukulaisensa oli nimitetty Fidžin ensimmäiseksi brittiläiseksi kuvernööriksi. Alkuun hän oli itsekin kauhuissaan matkan vaaroista, mutta päätyi lopulta matkustamaan vuosikausia eri puolilla maailmaa.

Myöhemmin Thomas Cookin järjestämille seuramatkoille Lähi-itään, Afrikkaan ja maailman ympäri osallistui myös yksinäisiä naisia – muun muassa kirjailija Agatha Christie harrasti innokkaasti näitä matkoja erottuaan ensimmäisestä miehestään (ja kuvaa näitä matkalaisia monissa kirjoissaan).

Englantilainen Gertrude Bell oli mitä tyypillisin esimerkki näistä etuoikeutetuista naisista.

Hän oli varakkaan pohjoisenglantilaisen tehtailijan tytär ja lähti ensimmäiselle matkalleen Romaniaan äitipuolensa sisaren Mary Lascellesin luo, jonka mies oli siellä Britannian lähettiläänä. Bukarest oli siihen aikaan Euroopan muodikkaimpia pääkaupunkeja, jossa seuraelämä oli vilkasta. Nuori Gertrude rakasti tanssia aamuun asti, mutta hän kävi myös parlamentin istunnoissa kuuntelemassa intohimoisia ja usein jopa raivoisia poliittisia väittelyitä. Gertrude viipyi Bukarestissa kaikkiaan neljä kuukautta. Ennen kotiinpaluutaan hän teki vielä retken Konstantinopoliin Lascellesin perheen kanssa.

Kun Sir Frank Lascelles nimitettiin myöhemmin Britannian lähettilääksi Persiaan, Gertrude tarttui innoissaan tilaisuuteen päästä jälleen itämaille. Hän matkusti serkkunsa kanssa junalla Saksan ja Itävallan kautta Konstantinopoliin ja sieltä Kaspian meren ympäri Teheraniin. Hän rakastui maahan oitis.

Ikävä kyllä hän rakastui Teheranissa myös lähetystössä työskentelevään komeaan nuoreen mieheen, ja kun mies kosi, Gertrude suostui. Mutta kun tieto kihlauksesta kiiri Englantiin saakka, isä Bell kutsui tyttärensä saman tien takaisin kotiin. Isä oli tehnyt tiedusteluja miehen taustoista ja saanut selville, että hän oli suurissa veloissa (syynä siihen oli luultavasti uhkapeli). Vaikka Gertrude oli yleensä omapäinen, hän alistui isän tahtoon ja palasi sydän murtuneena Lontooseen.

Muutama vuosi myöhemmin hän lähti veljensä kanssa Cookin matkatoimiston järjestämälle maailmanympäri-matkalle – tämä matka kesti puoli vuotta ja he matkustivat tyylikkäästi ensimmäisessä luokassa.

Lähi-itäänkin, jossa hän myöhemmin matkaili laajalti ja jossa teki koko mittavan elämäntyönsä, hän lähti ensimmäisen kerran Teheranissa tapaamaansa saksalaisen perheen vieraaksi – siellä hän kuitenkin hyvin pian alkoi vaeltaa omille teilleen.

Kuuluisimmat naispuoliset maailmanmatkaajat lähtivätkin matkaan nimenomaan omin päin, ja mitä tuntemattomammille seuduille sen parempi. Skotlantilaisen seikkailijan Ella Christien sanoin: "Ei Cookin toimistoa heti ensimmäisen nurkan takana. Ei englantilaisten kosiskelua, kaikki outoa ja uutta." Tosin kun kanadalaissyntyinen Agnes Cameron päätti viime vuosisadan alussa lähteä tutkimaan maanosan arktisia alueita, hän meni ensimmäiseksi Cookin toimistoon Chicagossa. Siellä hänelle kuitenkin kerrottiin, että niihin kohteisiin ei järjestetä pakettimatkoja, joten hänkin lähti sitten lopulta omin päin seuranaan vain sukulaistyttönsä.

≪ぶ

Matka kauas oli monille naismatkailijoille samalla matka etäälle yhteiskunnasta, joka halusi heidän käyttäytyvän tiettyjen tiukkojen sääntöjen mukaan. Kuten Isabella Bird asian ilmaisi: "matkalaisilla on etuoikeus tehdä mitä sopimattomimpia asioita".

Kaukana siirtomaissa myös ryhmäjako muuttui. Kun naiset olivat Euroopassa tottuneet olemaan alistetussa asemassa, siirtomaissa he saivat äkkiä huomata kuuluvansakin valtaa pitävään ryhmään – siellä vastakkain olivat valkoiset ja kantaväestö. Monesti heidät kutsuttiin esimerkiksi aterioilla kunniavieraaksi miesten pöytään, kun paikalliset naiset saivat syödä syrjemmällä. Heitä yleensä myös nimitettiin *Lady*ksi, vaikka he olisivat olleet porvarillistakin syntyperää – joskus peräti jopa *Sir*iksi. Kotimaassa heidän asemansa oli kenties vain kotoinen *Auntie*, (vanhapiika)täti, jonka tehtävänä oli toimia taloudenhoitajana tai nuorten sukulaistyttöjen kaitsijana.

Kun Gertrude Bell ensimmäisiä kertoja kierteli arabimaissa, sana yksin matkustavasta englantilaisnaisesta kiiri hänen edellään, ja hän sai pian huomata olevansa Henkilö (isolla H:lla), joka tunnettiin kaikkialla. Vaikka huomio joskus olikin häiritsevää, se auttoi häntä tutustumaan moniin merkittäviin paikallisiin johtajiin ja vaikuttajiin. Hän oppi pian, että sheikkien kanssa keskustellessa sukupuolta tärkeämpää oli syntyperä. Oli korostettava olevansa itse yhtä korkeassa asemassa olevasta suvusta – hänen tehtailijaisästään tuli pian "koko Pohjois-Englannin sheikki".

Myös Jane Digby osallistui sheikkien kokouksiin ja toimi jopa miehensä heimon neuvottelijana kriisiaikoina. Samaan aikaan heimon omat naiset viettivät edelleen hyvin rajoitettua elämää.

Matkustellessaan yksin Koreassa Ella Christie otettiin vastaan merkkihenkilönä ja joku paikallinen virkamies kysyi hämmennyksissään, oliko hän brittiläinen kenraali. Kun hän kielsi olevansa, epäiltiin, että hän varmaan oli sitten brittiläisen kenraalin leski. Tähän hän vastasi: "En sitäkään – mutta kuka tietää, mikä minusta vielä tulee."

Eurooppalaiset siirtomaaviranomaiset yrittivät kuitenkin sinnikkäästi estää yksin matkustavien naisten pääsyn kauas länsimaisista siirtokunnista – näissä merentakaisissa sillanpääasemissa viktoriaaniset perinteet olivat joskus vieläkin tiukempia kuin emämaassa. Kuten May French Sheldon asiaa kuvasi: "Yritykselle piti ensin nauraa, sitten yrittää estää se, ja jollei sekään tepsinyt, virkavallan piti kieltää se".

Tähän asenteeseen törmäsi myös Mary Kingsley yrittäessään päästä syvemmälle Afrikkaan. Jo aiemmin eurooppalainen rouva Quinee oli käynyt kyseisen joen yläjuoksulla, mutta Marylle ilmoitettiin, että hän oli matkustanut miehensä kanssa. Tähän Mary totesi, että

- - mitä aviomieheen tulee, sen enempää Royal Geographical Societyn listalla 'Neuvoja matkailijoille' kuin Messrs. Silverinkään julkaisemilla kattavilla listoilla trooppisilla alueilla matkailevien tarvitsemista tavaroista ei mainita aviomiehiä. [4]

---

4   Kingsley: Travels in West Africa, s. 167 (käännös kirjoittajan)

Paikalliset eivät yleensä suhtautuneet yksin matkustaviin naisiin tuomitsevasti, mutta kylläkin kummastellen. Heidän parissaan Mary Kingsley sai jatkuvasti kuulla kysymyksen "missä miehesi on?" (ei koskaan kysymystä "onko sinulla miestä?"). Alkuun hän yritti selittää olevansa naimaton, mutta se oli paikallisille täysin käsittämätön ilmiö. Niinpä hän lopulta alkoi vastata kiusallisessa tilanteessa, että oli etsimässä miestään, joka oli kadonnut viidakossa. Tämä selitys meni läpi ja hän sai olla rauhassa.

Maissa joissa oltiin tottuneempia länsimaalaisiin, yksinäinen nainen saattoi puolestaan edustaa ainutlaatuista mahdollisuutta – hänenhän täytyi olla rikas, jos hän pystyi matkailemaan ilman miestä. Edith Durham kertoi, että ennätys Makedoniassa oli ollut viisi naimatarjousta kahdessakymmenessä minuutissa.

Vaikka he janosivat vapautta ja matkailivat yksin, he eivät silti läheskään kaikki olleet naimattomia. Joillakin oli takanaan avioliitto, joka oli päättynyt eroon tai puolison kuolemaan. Toiset menivät naimisiin myöhemmin (tai matkoillaan kuten Jane Digby ja Isabelle Eberhardt). Jotkut yksinkertaisesti jättivät aviomiehensä kotiin odottamaan – Alexandra David-Neel jopa loppuelämäkseen, vaikka aviomies rahoitti hänen matkansa.

Ranskalainen Alexandra David oli aina ollut kiinnostunut itämaisista uskonnoista, mutta kouluttautui silti oopperalaulajaksi. Esiinnyttyään liikaa ja väärissä rooleissa hän kuitenkin pilasi äänensä ja työtarjoukset kävivät huonommiksi ja huonommiksi. Syksyllä 1899 hänet kiinnitettiin Ateenan oopperaan, jota ei pidetty kovin suuressa arvossa, ja seuraavana kesänä hän siirtyi Tunisin kunnalliseen oopperaan. Orientalisti Alexandra sanoi haluavansa Tunisiassa kuulla *muezzin*ien rukouskutsut ja tutkia Koraania, mutta päätyi lopulta esiintymään paikallisella kasinolla viihdyttäen siirtomaavirkamiehiä. Siellä hän tutustui englantilaiseen rautatieinsinööriin Philip Neeliin. Alexandra oli 36-vuotias ja vannoutunut feministi, mutta komea poikamies sai kuin saikin hänet naimisiin. Heidät vihittiin Ranskan konsulaatissa Tunisissa elokuussa 1904.

Liitto oli kuitenkin jo alun perin tuhoon tuomittu – vain muutaman kuukauden kuluttua nuori vaimo alkoi jälleen kaivata muualle. Kun hänen isänsä kuoli saman vuoden lopulla, hän palasi pitkäksi aikaa Eurooppaan "hoitamaan asioita", ja uudelleen serkkunsa kuoltua seuraavana vuonna. Sen jälkeen hän matkusti Lontooseen. Neel kirjoitti hänelle aloittaneensa uudelleen suhteen entisen rakastajattarensa kanssa – ehkä saadakseen vaimonsa mustasukkaisena palaamaan. Vaikutus oli kuitenkin päinvastainen, Alexandra katsoi olevansa puolestaan vapaa tekemään mitä halusi. Neel ymmärsi pian, ettei pystyisi pidättelemään Alexandraa. Välirikon sijasta hän suostui rahoittamaan vaimonsa matkan Intiaan. Alexandra lupasi palata puolentoista vuoden kuluessa – hän viipyi poissa yhteensä neljätoista vuotta.

Palattuaan viimein kotiin Alexandra tapasi jälleen miehensä, mutta vietti hänen kanssaan vain muutaman päivän. Vuodet olivat tehneet tehtävänsä eikä yhteiselämä enää onnistunut. He päättivät erota. Avioliiton kariutumisesta huolimatta he pysyivät kuitenkin edelleen hyvinä ystävinä ja Neel ryhtyi myöhempienkin matkojen sponsoriksi. Kun Alexandra sai Kiinaan sähkeen, jossa kerrottiin Neelin kuolemasta, hän suri syvästi miestä, joka oli ollut "maailman paras puoliso ja ainoa ystäväni".

Matkakirjailijana tunnettu skotlantilainen Isabella Bird suostui sisarensa kuoleman jälkeen menemään naimisiin tätä hoitaneen tohtori John Bishopin kanssa. Isabella oli tuolloin 50-vuotias, John Bishop kymmenen vuotta nuorempi. Avioliitto ei ollut romanttinen, mutta tohtori – kosittuaan Isabellaa sinnikkäästi vuosikaudet – ymmärsi paikkansa ja tyytyi siihen. Hän onkin todennut, että hänellä oli "yksi voittamaton kilpailija Isabellan sydämessä: Keski-Aasian ylängöt". Avioliitto jäi kuitenkin lyhyeksi, tohtori Bishop kuoli vain viisi vuotta häiden jälkeen. Vuotta myöhemmin Isabella todellakin lähti Keski-Aasiaan – perustaakseen sinne sairaalaan miehensä muistoksi. Näin hän symbolisesti yhdisti nämä elämänsä kaksi puolta.

Amerikkalainen kustantamon omistaja Mary (May) French muutti Englantiin mentyään naimisiin englantilaisen liikemiehen Eli Sheldonin kanssa. Molemmat Sheldonit olivat kiinnostuneita kaukomaista – May muun muassa käänsi englanniksi Flaubertin *Salammbon*, jonka tapahtumat sijoittuvat myyttiseen Kongoon. Kotona Lontoossa he pitivät eräänlaista salonkia, jonne kutsuttiin kuuluisia matkailijoita. Yksi vakiokävijöistä, josta tuli myös läheinen perhetuttu, oli Henry Stanley (mies joka lausui kuolemattomat sanat "Tohtori Livingstone, otaksun"). Pian muiden tarinat eivät riittäneet enää Maylle, vaan hän halusi päästä Afrikan sydämeen itse. Aviomies ei ollut kuitenkaan halukas matkustelemaan – hän oli enemmän kiinnostunut kaukomaiden tarjoamista taloudellisista mahdollisuuksista. Niin May päätti lähteä yksin, mitä konservatiiviset britit pitivät "vulgäärin amerikkalaisena".

Liikenaisena May osasi markkinoida itseään, ja jo lähtiessä Charing Crossin asemalla Lontoossa oli hurraava väkijoukko saattamassa häntä. Huudoissa sekä rohkaistiin, että varoiteltiin – joku huikkasi hänelle "*Jos* palaat hengissä, sinulla on tosiaankin tarina kerrottavana". Eli Sheldon matkusti vaimonsa kanssa Napoliin saakka. Siellä he erosivat ja May nousi Mombasaan lähtevään laivaan. Neljä kuukautta myöhemmin Eli oli siellä jälleen ottamassa vaimoaan vastaan. Mayn seikkailun loppuvaiheet olivat olleet hurjia, ja hän oli loukannut sekä selkänsä (kantotuolin pudottua sillalta jokeen) että päänsä (myrskyssä merellä), lisäksi häntä vaivasivat astma ja ripuli. Hän kaatui miehensä käsivarsille kirjaimellisesti puolikuolleena.

Naisten itsenäistä matkailua pidetään usein yksinkertaisesti yltiöfeminisminä. Harva heistä oli kuitenkaan missään elämänsä vaiheessa aktiivinen naisasialiikkeessä. Kotimaahan palattuaan he tuntuivat alistuvan heti takaisin perinteiseen rooliinsa. Brittiläiset Marianne North, Mary Kinsgley ja Gertrude Bell kaikki jopa vastustivat avoimesti naisten äänioikeutta.

Gertrude Bell oli vuosisadan vaihteessa perustamassa järjestöä nimeltä *Women's National Anti-Suffrage League*, ja organisoi vuonna 1909 nimien keruun adressiin, jossa vastustettiin suffragetteja – hän sai kokoon 250 000 allekirjoitusta. Kuitenkin hän oli niin vuorikiipeilijä, arkeologi kuin brittiläisen sotilastiedustelupalvelun agenttikin, ja kerrotaan erään arabiheimon päällikön kerran sanoneen hänestä: "Jos [englantilaiset] naiset ovat sellaisia kuin hän, millaisia mahtavatkaan olla miehet!"

Kun Mary Kingsleyä kehuttiin lehtijutussa "uudeksi naiseksi", hän ei ollut imarreltu vaan loukkaantunut. Hän kirjoitti saman tien vastineen, jossa korosti, ettei hänen matkansa olisi koskaan onnistunut "ilman korkeamman sukupuolen apua" – matkan aikana hän tosin oli tehnyt kaikkensa vakuuttaakseen päinvastaista. Toisaalla hän kommentoi naisasianaisia sanoen, ettei hänellä "ollut mitään käyttöä näille androgyyneille".

Myös Marianne North kirjoitti halveksivasti naisasianaisista, joiden hän väitti saattavan naiset vain naurunalaisiksi. Hänen sisarensa kuitenkin poisti kaikki nämä kommentit toimittaessaan muistelmia julkaisua varten.

Mutta on toki matkailevien naisten joukossa myös feminismin pioneereja. Esimerkiksi ruotsalainen Fredrika Bremer on paremmin tunnettu nimenomaan naisasianaisena ja feministisenä kaunokirjailijana. Matkoillaan ja matkakirjoissaan hän tutki paikallisia yhteiskunnallisia oloja ja varsinkin naisen asemaa kulloisessakin maassa. Amerikan matkasta kertova kuvaus on jopa nimetty *Hemmen i den nya verlden* (Koteja uudessa maailmassa). Hänen mukaansa missään ei saa yhteiskunnasta todellista kuvaa paremmin kuin kodeissa. Hän itse toteaa haluavansa:

- - kodin kynnykseltä luoda katseen ihmiskunnan tulevaisuuteen; sillä niin kuin virrat syntyvät taivaan lähteistä, niin syntyvät kansojen elämä ja kohtalot kodin turvallisesta elämästä. [5]

Matkojensa välillä Fredrika keskittyi yhteiskunnalliseen toimintaan ja ryhtyi soveltamaan maailmalla oppimiaan asioita kotimaassa. Hän oli mukana perustamassa sekä orpolasten että vankilasta vapautuneiden naisten oloja kohentavia yhdistyksiä. Hän ajoi myös edelleen naisasiaa yleensä. Krimin sodan ollessa käynnissä julkaistiin *The Times* -lehdessä Fredrikan englanniksi kirjoittama *Invitation to a peace alliance* (Kutsu rauhanliittoon), joka herätti paljon kiinnostusta. Kyse ei kuitenkaan ollut varsinaisesta sotaa vastustavasta rauhanliikkeestä vaan rauhanomaisesta humanitäärisestä avustusliikkeestä. Hän kutsui kaikkia maailman naisia yhdessä uskomaan naisten voimaan ja yhteistyöhön.

Amerikkalainen Annie Smith Peck, joka tunnetaan vuorikiipeilijänä ja Etelä-Amerikan asiantuntijana, oli hänkin hyvin aktiivinen naisasialiikkeessä.

Hän oli aikanaan halunnut päästä opiskelemaan samaan yliopistoon, jota hänen isänsä ja veljensä olivat käyneet, mutta sinne ei hyväksytty naisia. Toimittuaan useita vuosia opettajana, hän päätti 27-vuotiaana uudelleen pyrkiä yliopistoon. Tällä kertaa hänen perheensä piti sitä "täysin naurettavana", koska hän oli paitsi nainen myös jo liian

---

5   Bremer: Hemmen i den nya verlden I, s. 61f. Siteerattu
     teoksessa Burman, s.359 (käännös kirjoittajan)

vanha. Sisukkaasti hän silti piti päänsä ja pääsi lopulta Michiganin yliopistoon, joka oli alkanut hyväksyä naisia opiskelijoikseen muutamaa vuotta aiemmin. Hän suoritti tutkinnon klassisissa kielissä ja jatkoi myöhemmin vielä vieraiden kielten ja arkeologian opintoja Euroopassa. Lopulta hän erikoistui Etelä-Amerikan asioihin ja julkaisi kirjoja ja artikkeleita sekä maanosan yhteiskunnallisista oloista että vuorikiipeilystä alueella.

Elämänsä loppupuolella hän oli tiiviisti mukana *Joan of Arc Suffrage League* -nimisen yhdistyksen toiminnassa, ja hänet valittiin jopa sen presidentiksi vuonna 1914. Kolme vuotta aiemmin kiivettyään Perussa Coropuna-vuoren huipulle – 65-vuotiaana – hän oli pystyttänyt sinne Perun lipun viereen banderollin, jossa luki "*Votes for Women*", äänioikeus naisille.

Saman tempun toisti vielä toinen amerikkalainen vuorikiipeilijä Fanny Bullock Workman, josta on otettu vuonna 1917 kuva korkealla Karakorum-vuoristossa kädessään lehti, jonka otsikossa on sama teksti.

Mutta olivatpa he itse olleet mitä mieltä tahansa, he ovat yleensä olleet esikuvia ja innoittajia nuoremmille naisasianaisille.

౼

Viktoriaanisia seikkailijattaria ei kuitenkaan tarvinnut muistuttaa siveästä pukeutumisesta niin kuin nykyisiä naismatkailijoita – suurin osa heistä kauhistui itsekin ajatusta esiintymisestä "epäsäädyllisessä asussa" edes viidakossa tai aavikolla. Oli ilmasto kuinka kuuma tahansa, heillä oli paitsi pitkät helmat ja korkeat kaulukset myös korsetti, flanelliset alusvaatteet, monta kerrosta pitkiä alushameita ja tiukat nappikengät.

Nämä asusteet saattoivat kuitenkin jopa pelastaa Mary Kingsleyn hengen Länsi-Afrikan viidakossa, jossa metsästäjien ansakuopat olivat käydä kohtalokkaiksi. Yksi oppaana toimivista miehistä haavoittui pahoin sellaiseen pudottuaan, mutta Maryn eurooppalaisen asun pitkistä helmoista ja paksuista alushameista oli hyötyä – ansakuopan pohjalla olevat teroitetut seipäät eivät menneet niistä läpi, vaan hän jäi keikkumaan niiden varassa piikkien päälle ja selvisi pelkillä pintanaarmuilla.

Jotkut saattoivat pukeutua tilapäisesti miesten vaatteisiin turvallisuutensa vuoksi tai päästäkseen sisään paikkoihin, joihin naisia ei päästetty. Poikkeuksen teki vain Isabelle Eberhardt, joka useimmiten omaksui täydellisen miehisen identiteetin.

Mieheksi pukeutui myös Lady Hester Stanhope sen jälkeen, kun laiva, jolla hän matkusti, oli haaksirikkoutunut Rhodoksen saaren ulkopuolella ja hän oli menettänyt kaikki matkatavaransa. Pelastuneille matkustajille annettiin turkkilaiset vaatteet, mutta Lady Hester kieltäytyi käyttämästä huntua – niinpä hän pukeutui turkkilaiseen miehen asuun. Hän ihastui siihen niin, että täydensi sitä vielä Kairossa purppuraisella viitalla ja sapelilla.

May French Sheldonin matkavarusteisiin puolestaan kuuluivat Afrikassa lääkkeiden, aseiden ja muiden käytännön tarvikkeiden ohella mm. vaalea peruukki,

KUVA 3: Lady Hester Stanhope
(Kuva muistelmista. Wellcome collection)

valkoinen tanssiaispuku ja täydellinen teeastiasto – viidakossakin hän aina pukeutui päivälliselle.

Isabella Bird ja Gertrude Bell teettivät itselleen matkahameet, joissa saattoi ratsastaa satulassa hajareisin, mutta molemmat halusivat niiden silti näyttävän pitkiltä hameilta.

Kaikista hurjista seikkailuistaan huolimatta Isabella Birdistä ei koskaan tullut niin radikaalia, että hän olisi esiintynyt housuissa (muissa eksentrisissä asusteissa kylläkin). Ratsastusasusta, jonka hän itselleen hankki, tuli lopulta niin kuuluisa, että se oli jopa näytteillä Kansallisessa terveysnäyttelyssä. Se oli hänen matkapukunsa läpi elämän. Kyse ei ollut housuhameesta, vaan tavallisesta hameesta, johon oli taitavasti leikattu halkio joka avautui satulan molemmin puolin, mutta laskeutui seistessä siististi piiloon helman laskoksiin. Tämän hameen alla hänellä oli senaikaiset naisten urheiluhousut, valtavat "pöksyt" joiden puntit kurottiin kiinni nilkkojen kohdalta – myöhemmin hän havaitsi, että nämä pöksyt olivat itse asiassa aika samanlaiset kuin viktoriaaninen uimapuku, ja kahlasi estoitta niissä vesiputouksille.

Gertrude Bellin ensimmäinen matka aavikolle oli vielä ollut rankka ja matkavarusteet alkeellisia, mutta myöhemmin kun hän ratsasti arkeologiselta kaivaukselta toiselle, matkatavarat seurasivat perässä varta vasten vuokratussa junavaunussa – ensimmäisten retkiensä jälkeen hän matkasi aavikollakin tyylikkäästi ja mukana kulki matkavaatteiden lisäksi muotileninkejä, hattuja, päivänvarjoja, laventelisaippuaa, egyptiläisiä savukkeita (hän oli ketjupolttaja), täydellinen päivällisastiasto, kristallilaseja, hopeisia kynttilänjalkoja, liinavaatteita ja huopia, kokoontaitettavia pöytiä ja tuoleja ynnä telttasänky ja purjekankainen kylpyamme.

Isabella Bird lakkasi välittämästä pukeutumissäännöistä vasta vanhoilla päivillään, Gertrude Bell ei koskaan.

Tämä ristiriitaiselta tuntuva halu korostaa pukeutumisessaan perinteisiä käsityksiä kunniallisuudesta ja naisellisuudesta jatkui vielä pitkään. 1900-luvun puolessa välissä maailmaa kiertänyt suomalainen hullunrohkea seikkalija Helinä Rautavaara ei olisi hänkään voinut kuvitella esiintyvänsä pitkissä housuissa. Elämäkerturilleen Helena Lehtimäelle hän puuskahti suorastaan tuohtuneena:

Tottakai nylonsukat. Koko matkan niin erämaakylissä kuin tropiikissa minulla oli aina nylonsukat. - - Ja 50-luvullahan käytettiin korsettia, joka myös oli nylonia. Kaikissa kuvissakin näet, kuinka minä olen ryhdikäs. Se oli osa minun olemustani.[6]

He eivät halunneet olla miehiä, he halusivat vain olla yhtä vapaita kuin miehet.

6   Lehtimäki: Minä, Helinä Rautavaara, s. 71

4. Pyhiinvaellusta ja tyttöjen(kin) kasvatusta

Pyhiinvaellus oli jo varhain naisillekin hyväksytty syy lähteä matkalle. Kuitenkin sekin yritettiin moneen otteeseen kieltää. Vuonna 747 Pyhä Bonifacius kirjoitti Canterburyn arkkipiispalle pyytäen tätä ryhtymään toimiin, jotta "matroonien ja hunnutettujen naisten" ei sallittaisi jatkuvasti matkustaa Roomaan. 791 Friulin synodi kielsi nimenomaisesti pyhiinvaelluksen jopa nunnilta. Myöhemmin määräystä lievennettiin niin, että abbedissat saattoivat saada luvan.

Pyhiinvaelluksiin kotimaassa suhtauduttiin sallivammin. Englannissa Westminsterissä annettiin vuonna 1195 asetus, jonka mukaan naimisissa olevat naiset saivat lähteä pyhiinvaellukselle yksinkin, kunhan olivat saaneet siihen luvan puolisoltaan (itse asiassa tämä lupavaatimus koski molempia sukupuolia). Tiedetään vaimojen kuitenkin matkustaneen myös ilman lupaa. Chaucerin kuuluisien Canterburyn tarinoiden pyhiinvaeltajiin kuului niin abbedissa ja pari nunnaa kuin bathilainen rouvashenkilökin.

Yksi ensimmäisistä kuuluisista pyhiinvaeltajista oli keisari Konstantinuksen äiti Helena jo 300-luvulla.

Neljänneltä vuosisadalta on säilynyt nunna Egerian (kirjoitettu myös Etheria ja Aetheria) kirjoittama yksityiskohtainen päiväkirja matkalta Pyhälle maalle, Egyptiin, Vähä-Aasiaan ja Konstantinopoliin. Egeria viipyi Jerusalemissa kolme vuotta ja teki sieltä käsin retkiä eri puolille. Palatessaan hän vieraili vielä muillakin uskonnollisilla paikoilla matkan varrella. Kuvaus *Itinerarium Egeriae* on osoitettu sisarille, ilmeisesti siis luostarin muille nunnille.

Itse Egeriasta ei paljon tiedetä. Hän oli luultavasti espanjalainen ja kotoisin Galiciasta. Päiväkirjasta on löydetty yhdennellätoista vuosisadalla tehty käsikirjoituskopio. Se ei kuitenkaan ole täydellinen, siitä puuttuu sekä alku että loppu – säilynyt teksti alkaa keskeltä lausetta kohdassa, jossa matkalainen näkee Siinain vuoret (joita hän kutsuu Jumalan vuoreksi). Se on joka tapauksessa ensimmäinen säilynyt matkakuvaus kristilliseltä pyhiinvaellukselta.

Manner-Euroopasta tunnetaan keskiajalta nimeltä kaksi naispuolista pyhiinvaeltajaa, Pyhä Bona Pisalainen ja englantilainen Margery Kempe.

Pyhä Bona syntyi Pisassa, Italiassa joskus vuoden 1156 tienoilla. Jo lapsena hän sai uskonnollisia näkyjä ja uskottiin Pyhän Jaakon siunanneen hänet. Kymmenvuotiaana hän vihkiytyi augustinilaisjärjestöön ja muutti asumaan San Martinon luostariin.

Hänen ensimmäinen matkansa vei Jerusalemiin, jossa hänen isänsä taisteli ristiretkeläisten riveissä. Paluumatkalla hän joutui islamilaisten merirosvojen hyökkäykseen Välimerellä, haavoittui ja vangittiin. Hänen maanmiehensä onnistuivat pelastamaan hänet ja toivat hänet takaisin Pisaan. Tämä kokemus ei kuitenkaan säikäyttänyt häntä, vaan pian hän jo lähti vaellukselle Santiago de Compostelaan Espanjan luoteiskolkkaan mukanaan suuri pyhiinvaeltajajoukko. Hänestä tuli vähitellen Compostelan reitin virallinen matkaopas. Hän teki tämän matkan kaikkiaan yhdeksän kertaa. Hän teki pyhiinvaellusmatkan myös Roomaan, saattajanaan vain "Kristus itse".

Hän kuoli San Martinon luostarissa vuonna 1207 ja myöhemmin hänet julistettiin pyhimykseksi, joka Pyhän Kristofferin tavoin suojelee matkustavaisia. Tänä päivänä häntä pidetään nimenomaan matkaoppaiden ja lentoemäntien suojeluspyhimyksenä.

∾

The Book of Margery Kempe -nimellä tunnettu käsikirjoitus makasi pitkään kenraali Butler Bowdonin kirjastossa Englannin Lancashiressä, ja sitä pidettiin vain yhtenä monista uskonnollisten mystikkojen kirjoittamista. Kun Hope Emily Allen sai vuonna 1934 luvan tutkia sitä tarkemmin, paljastui että kyseessä olikin omaelämäkerta ja vieläpä ensimmäinen tunnettu englanniksi kirjoitettu. Siinä kerrottiin 1300-1400 -lukujen taitteessa eläneen norfolkilaisen naisen elämästä ja ennen kaikkea hänen lukuisista pyhiinvaellusmatkoistaan.

Margery Burnham syntyi vuonna 1373 Bishop's Lynnissä (nykyisin King's Lynn), Norfolkissa, jossa hänen isänsä oli kaupungin pormestari. Tytär sai porvarillisen kasvatuksen, paitsi että jostain syystä häntä ei koskaan opetettu lukemaan (mikä siihen aikaan jo kuului tyttöjenkin kasvatukseen). Vuonna 1393 Margery nai John Kempen, paikallisen nuoren kauppiaan, joka kuului samaan kiltaan kuin hänen isänsä.

Margery tuntui pitäneen avoimesti lihallisista nautinnoista, mutta ensimmäisen lapsen synnytys oli niin vaikea, että tuska ajoi hänet hulluuden partaalle (tänä päivänä diagnoosi olisi ilmeisesti synnytyksen jälkeinen depressio). Hän oli vakuuttunut, että häntä rangaistiin näin nuoruuden salaisista synneistä ja hakeutui ripittäytymään. Rippi-isällä oli kuitenkin paha päivä ja hän haukkui nuoren naisen pataluhaksi jo ennen kuin tämä oli päässyt varsinaisiin synteihinsä asti. Margery murtui täysin, hän yritti heittäytyä ikkunasta, kirkui ja riehui kunnes hänet piti sulkea varastoon. Hän virui varastossa sidottuna kaikkiaan kahdeksan kuukautta, kunnes eräänä päivänä hän näki näyssä Jeesuksen, joka sanoi hänelle "Miksi sinä olet hylännyt minut, vaikka minä en koskaan sinua hylännyt?".

Tämä näky palautti Margeryn järkiinsä ja samalla hän palasi täysin rinnoin takaisin maalliseen elämään. Hänestä tuli paitsi perheenäiti myös liikenainen. Hän aloitti panimoteollisuudessa ja sen jouduttua lamaan siirtyi pitämään hevoskäyttöistä myllyä. Tämäkin yritys kuitenkin epäonnistui. Osasyyllisenä saattoi olla se, että Margery täytti velvollisuutensa myös kotona ja synnytti siinä sivussa miehelleen kaikkiaan neljätoista lasta. Pelkkä perheenäidin osa ei silti tyydyttänyt häntä, ja epäonnistuminen liike-elämässä laukaisi uudelleen masennuksen. Tässä vaiheessa Jeesus ilmestyi hänelle jälleen ja kehotti häntä omistamaan elämänsä Jumalalle.

Tämä edellytti siveyttä, ja Margery ehdotti miehelleen pidättäytymistä sukupuolisesta kanssakäymisestä. Aviomies suhtautui ajatukseen myönteisesti, mutta siirsi päätöksen toteuttamista hamaan tulevaisuuteen. Ja niin lapsia syntyi tasaiseen tahtiin. Margery kutsui Jeesusta jälleen apuun, ja Herra sammuttikin innokkaan aviomiehen halut. Vaimo sai kuitenkin pian huomata, että hänen omat halunsa eivät sammuneetkaan samalla tilanne äityi niin pahaksi, että hän kerran ryhtyi viettelemään nuorta miestä kirkon ulkopuolella. Mies juoksi kauhuissaan tiehensä. Margery kysyi neuvoa taas kerran Jumalalta, joka sanoi että hänen olisi tehtävä ensin syntiä, jotta voisi katua ja saada armon.

Nyt Margery alkoi toden teolla omistautua uskon asioille. Hän paastosi ja keskusteli Herransa kanssa yhä useammin. Hän alkoi myös itkeä ja valittaa, mikä herätti kiusallista huomiota. Inkvisitio oli noihin aikoihin saanut jalansijaa Englannissakin ja hysteerisesti käyttäytyvää Margerya alettiin pitää kerettiläisenä.

John Burnham kuoli vuonna 1413 ja jätti tyttärelleen suurehkon perinnön. Ajat olivat kuitenkin vaikeat Englannin käydessä sotaa Ranskaa vastaan, ja perintö hupeni aviomiehen liikevelkojen maksamiseen. Vastineeksi John Kempe lupasi suostua siveyteen ja sallia vaimonsa itsenäisyyden.

Puolisot lähtivät yhdessä pyhiinvaellukselle Canterburyyn. Margery vietti kokonaisen päivän itkien ja valittaen Pyhän Tuomaan haudalla – John Kempe pakeni hotelliin. Täällä Margery sai päähänsä, että Jumala vaati häntä pukeutumaan valkoisiin. Lincolnin piispa selitti, että siihen piti saada lupa Canterburyn arkkipiispalta. Lunastaakseen oikeuden tähän Margeryn oli lähdettävä pyhiinvaellukselle Jerusalemiin. Piispa itse antoi hänelle tähän rahat – ehkä vain pästäkseen hänestä eroon.

Tälle matkalle Margery lähti yksin. Hän matkusti ensin Italiaan, ja vietti talvella kolmetoista viikkoa Venetsiassa. Kirjassa ei kuitenkaan kuvailla tätä kaupunkia kovin tarkkaan.

Myöskään matkasta Venetsiasta Jerusalemiin ei kerrota laajasti. Hän on luultavasti matkustanut Jaffan ja Ramallah'n kautta. Tarkkaan hän sen sijaan kuvaa saapumistaan Pyhään kaupunkiin aasilla ratsastaen – hän melkein putosi sen selästä kaupungin nähdessään, niin voimakkaan vaikutuksen näky teki.

Hän viipyi Jerusalemissa kolme viikkoa, ja jatkoi sieltä Betlehemiin ja Siionin vuorelle. Hän kävi myös Jordanvirralla ja vuorella, jossa Jeesuksen uskottiin paastonneen ne 40 päivää. Lopulta hän vieraili vielä Betaniassa, jossa Martta, Maria ja Lasarus olivat eläneet.

Paluumatka kulki jälleen Italian kautta. Tällä kertaa hän vietti ensin jonkin aikaa Assisissa ja matkusti sieltä Roomaan. Roomassa hän asui keskiaikaisten pyhiinvaeltajien suosimassa Pyhän Tuomas Canterburylaisen majatalossa. Hän vieraili lukuisissa kirkoissa ja lähti kaupungista vasta pääsiäisenä 1415.

KUVA 4: Margery Kempe. (Dame Julian of Norwich)
David Holgaten veistos Norwichin katedraalissa.

Vuonna 1417 Margery lähti uudelle pyhiinvaellukselle, tällä kertaa Santiago de Compostelaan, Espanjaan. Matkalla sinne hän vieraili Bristolissa Worcesterin piispan luona, ja paluumatkalla pyhillä paikoilla Gloucestershiressä ja Leicesterissä. Yksin matkustavaa naista kuulusteltiin usein – Leicesterissä hänet jopa vangittiin kolmeksi viikoksi syytettynä prostituutiosta ja kerettiläisyydestä.

Lynniin hän palasi viimein vuonna 1418. Hän teki tämän jälkeen lyhyempiä pyhiinvaelluksia eri puolille Englantia ja Keski-Eurooppaa.

Lopulta hän asettui kotiin Lynniin ja – koska ei yhäkään osannut kirjoittaa – palkkasi kirjurin, jolle saneli koko elämäntarinansa ja kaikki muistot matkoilta kaukaisiin maihin. Tämä kirjuri kuitenkin kuoli kesken kaiken. Margery sai taivuteltua paikallisen papin jatkamaan työtä, joka valmistui vuonna 1438. Margery Kempe kuoli luultavasti samana vuonna.

Monet myöhemmätkin maailmanmatkaajat ovat tehneet ensimmäisen kaukomatkansa Raamatun maihin, joista tuli jo varhain varsinainen turistikohde. 1800-luvun ensi vuosikymmenillä länsimaalaisten matkailu alueella kasvoi merkittävästi osittain parantuneiden laivayhteyksien ja osittain sheikki Mohammed Alin ja myöhemmin ottomaanien hallinnon tuomien vakaampien poliittisten olojen vuoksi. Suurin osa näistä matkailijoista oli edelleen miehiä, mutta joillakin heillä oli mukana vaimonsa tai koko perheensä.

Matkakuvaukset kertovat yleensä samasta reitistä: Laivalla matkustettiin Beirutin tai Alexandrian kautta Jaffaan ja sieltä Jerusalemiin kuljettiin ratsain. Beduiinisheikit järjestivät opas- ja turvamiespalveluita matkoille muihin pyhiin kaupunkeihin ja Jordan-virran laaksoon.

Näillä matkoilla käytiin usein Palestiinan ja Egyptin lisäksi muissakin Lähi-idän maissa.

Ida Pfeifferkin valitsi ensimmäiseksi matkakohteekseen Pyhän maan koska arveli, että tämä ehkä herättäisi vähemmän vastustusta sukulaisissa ja ystävissä. Kun hän maaliskuussa 1842 lähti laivalla alas Tonavaa kohti Konstantinopolia, hän oli itse asiassa kertonut aikovansa vierailla vain siellä asuvien ystävien luona.

Konstantinopolissa hän tapasi saksalaisen matkailijaryhmän ja teki ensin sen kanssa retkiä eri puolille, aina Olympos-vuorelle saakka. Hän sai kuitenkin kauhukseen havaita, että osa matkasta taitettiin ratsain. Hän ei uskaltanut kertoa kenellekään, ettei ollut koskaan ratsastanut – hän pelkäsi että ei pääsisi mukaan lainkaan. Hän onneksi oppi nopeasti, ja taidosta oli hänelle suurta hyötyä kaikilla myöhemmilläkin matkoilla.

Sitten hän alkoikin jo tähyillä kauemmas itään. Paikallinen Itävallan konsuli yritti varoittaa yksinäistä naishenkilöä matkan vaaroista, varsinkin kun poliittinen tilanne Lähi-idässä oli tuolloin vielä epävakaa. Kun hänelle kävi selväksi, että Idan päätä ei saanut kääntymään, hän ehdotti ainakin miespuolista seuralaista. Ida torjui tämänkin.

Laivalla matkalla kohti Beirutia hän kuitenkin tutustui englantilaiseen herrasmieheen, taiteilija William Henry Bartlettiin. Koska heillä oli sama määränpää, he päättivät lähteä Jerusalemiin yhtä matkaa. Bartlett kirjoitti myös matkastaan kertomuksen, jossa kuvaili Ida Pfeifferia "saksalaiseksi ladyksi, joka matkusti kanssani Jerusalemiin", mutta katsoi asiakseen vielä kommentoida: "jos tuota perinteistä termiä nyt voi soveltaa naiseen, joka jostakin uskonnollisesta syystä ja ylitsepääsemättömästä halusta astua Raamatun kertomusten maisemiin matkusti ilman seuralaista tai minkäänlaista suojelijaa sellaisen matkan vaaroilta".[7]

Kierreltyään viikon katselemassa Jerusalemin nähtävyyksiä Ida ja Bartlett liittyivät saksalaiseen matkailijatyhmään, joka oli lähdössä Jordan-virralle ja Kuolleelle merelle. Tämä retkikunta oli järeämmin varustautunut: mukana oli kaksitoistamiehinen henkivartijajoukko, jota komensi kaksi beduiinisheikkiä. Muutaman päivän kuluttua Ida jatkoi saman matkailijaryhmän kanssa maitse kohti Beirutia. Matka kulki Galilean ja Syyrian halki ja kesti kaikkiaan kymmenen päivää.

Vaikka matka halki Syyrian oli ollut raskas, Ida oli jo parin päivän jälkeen pitkästynyt Beirutissa. Silloin hän sattumalta tapasi saman seurueen, jonka kanssa oli retkeillyt Konstantinopolista käsin. He houkuttelivat hänet mukaansa Damaskokseen. Sieltä he jatkoivat Baalbekin raunioille. Vaikka alueella raivosi parhaillaan ruttoepidemia, seurue kuitenkin onnistui kiertämään

---

7 Michaels: An unusual traveler. (Viitattu 24.1.2017; käännös kirjoittajan)

saastuneet kylät ja palasi Beirutiin turvallisesti. He olivat matkanneet 300 kilometriä kymmenessä päivässä.

Beirutista Ida jatkoi kreikkalaisella prikillä Alexandriaan. Koska hän yritti saada rahansa riittämään mahdollisimman pitkään, hän matkusti kannella, jossa ei ollut muuta suojaa auringolta kuin sateenvarjo. Alexandriassa hän joutui karanteeniin kymmeneksi päiväksi, mutta sieltä vapauduttuaan kiiruhti saman tien jatkamaan pitkin Niilin suistokanavaa kohti Kairoa. Tehtyään retket pyramideille ja Suezille Ida palasi Alexandriaan ja sieltä kohti kotia ranskalaisella höyrylaivalla Maltalle.

Matkakertomukset Lähi-idästä olivat aiemmin keskittyneet uskonnollisiin paikkoihin ja olleet usein täynnä raamatunlauseita – joskus jopa koostuneet suurimmaksi osaksi vain niistä. Ida Pfeiffer kuitenkin kuvaili oman kirjansa alussa matkaansa "vaaralliseksi pyhiinvaellukseksi", ja vaikka hän halusikin nähdä pyhiä paikkoja, häntä kiinnostivat enemmän seikkailut. Hän myös näki alueen olot raamatunhistorian sijaan valtapolitiikan näkökulmasta ja kommentoi ottomaanien hallintoa alueella.

᠙

Toinen perinteinen matkareitti vei antiikin nähtävyyksille Euroopassa. Italia ja Kreikka tarjosivat jo varhain järjestettyjä turistipalveluja, mikä madalsi kynnystä lähteä matkalle.

Kun 1700-luvulla tuli muotiin lähettää varakkaiden sukujen pojat niin kutsutulle *Grand Tour*ille Eurooppaan osana heidän kasvatustaan, tyttäret saivat yleensä jäädä kotiin. Jotkut edistykselliset perheet kuitenkin lähtivät matkaan koko perheen voimin ja näin myös tytöt saivat tutustua muiden maiden kulttuureihin.

Suomalaissyntyisen ruotsalaiskirjailija Fredrika Bremerin perheessä lapsia oli kaikkiaan kuusi, poika ja viisi tyttöä (toinen poika oli kuollut hyvin nuorena). Työt kasvatettiin ajan tavan mukaan päämääränä päästä hyviin naimisiin. Tähän kuului kotiopettajattarien lisäksi matka Keski-Eurooppaan, jolle perhe lähti elokuussa 1821.

Ensimmäinen osuus Tukholmasta Stralsundiin matkattiin postivaunuilla, sen jälkeen jatkettiin kaksilla katetuilla vankkureilla, joita veti yhteensä kahdeksan hevosta. Matka kulki halki Pommerin ja sieltä edelleen etelämmäs Keski-Eurooppaan.

Fredrika piti päiväkirjaa, josta tuli hänen ensimmäinen yhtenäinen teoksensa. Tyylilaji tosin oli vielä aika horjuva ja lopputulos muistutti yhtä lailla kirjeitä ja romaania kuin matkakertomusta.

Matkanteko ei kuitenkaan ollut nuorista kovin hauskaa, eivätkä nopea matkustusvauhti ja isän äkkipikainen temperamentti auttaneet asiaa mitenkään.

Lokakuussa veli jätettiin alkuperäisen *Grand Tour*in hengessä Sveitsin Lausanneen täydentämään opintojaan. Tytöt sen sijaan vietiin Pariisiin, jossa muu perhe vietti koko talven. Tyttöjen kasvatukseen kuului teatteria ja oopperaa ja musiikki- ja maalauskursseja – ja tietenkin

Pariisin seuraelämää. Nuori Fredrika huomioi kuitenkin jo tällöin elämän nurjiakin puolia ja kuvasi päiväkirjassaan kaduilla näkemäänsä kurjuutta. Tämä yhteiskunnallinen näkökulma väritti myöhemmin kaikkia hänen matkakuvauksiaan.

∞

Myös Marianne Northin perhe lähti vuonna 1847 – Mariannen ollessa 17-vuotias – *Grand Tour*ille mannermaalle ja viipyi tällä matkalla kokonaista kolme vuotta. Retkueeseen kuuluivat vanhemmat, kaksi tytärtä, vanha kotiopettajatar, kolme englantilaista palvelijatarta ja saksalainen kokki – veli liittyi mukaan koulunsa lomien aikaan. He kiertelivät laajasti nykyisten Saksan, Itävallan ja Tšekin tasavallan alueilla ja palasivat Brysselin kautta.

Isä North valittiin Hastingsin edustajaksi parlamenttiin vuonna 1854, ja äidin kuoltua seuraavana vuonna koko perhe muutti Lontooseen. Parlamentin lomien aikana isä ja tyttäret jatkoivat matkustelua Euroopassa. Kun sisarkin oli mennyt naimisiin, Marianne pysyi isänsä uskollisena matkaseuralaisena. Tämä oli vanhemmiten kuuroutumassa, eikä siksi pitänyt paikallisista oppaista. Tytär luki opaskirjoja ja kertoi huutaen nähtävyyksien historiasta.

Isän menetettyä parlamenttipaikkansa vuonna 1865 (vain yhdeksän äänen erolla) Marianne kirjoitti päiväkirjaansa:

Ensimmäisen suuttumuksen jälkeen käänsimme ajatuksemme siihen, miten hyödyntää tämä yllättävä vapaa-aika, ja lähdimme saman tien kohti Sveitsiä. [8]

Tällä matkalla isä ja tytär kiersivät paitsi Eurooppaa myös Pyhien maiden suosittua reittiä Lähi-idässä.

Turismi tuolla alueella oli kasvanut kasvamistaan ja kun Marianne North saapui isänsä kanssa Beirutiin vuonna 1865, heitä oli jo vastassa kokonainen yli-innokkaiden oppaiden joukko – heti ensimmäisenä aamuna heidän luonaan kävi 19 opasta tarjoamassa palvelujaan.

Matkan Beirutista Damaskokseen piti tässä vaiheessa jo sujua mukavasti, koska ranskalaiset olivat juuri avanneet välille säännöllisen postivaunureitin. Vaunut pakattiin kuitenkin niin täyteen matkustajia, että oli mahdoton nähdä ulos. Lisäksi monet heistä kärsivät matkapahoinvoinnista, mikä ei ollut kuumuudessa ja ahtaudessa miellyttävää myöskään muille. (Paluumatkan Northit tekivätkin ratsain.)

Damaskoksesta käsin Northit tekivät suositun retken Palmyran rauniokaupunkiin. He olisivat halunneet jatkaa Bagdadiin saakka, mutta luopuivat lopulta tästä raskaasta matkasta ja palasivat Beirutiin. Siellä he nousivat venäläiseen höyrylaivaan, joka vei heidät Jaffan ja Port Saidin kautta Alexandriaan.

Alexandriasta he matkustivat junalla Kairoon, josta Marianne piti vielä enemmän kuin Damaskoksesta. Siellä turisteille oli tarjolla aaseja, joita isä North ei voinut sietää. Niinpä Marianne ratsasti ja isä käveli vierellä heidän

---

8   North: Further recollections of a happy life, s. 73 (käännös
      kirjoittajan)

kierrellessään nähtävyyksillä. Kairosta he jatkoivat ylös Niiliä matkaseuranaan ranskalainen herrasmies – jonka reaktio kaikkeen oli *Mon Dieu!* – ja nuori englantilainen arkkitehti, joka matkusti apurahan turvin. He purjehtivat Assuaniin saakka ja takaisin vieraillen kaikilla nähtävyyksillä matkan varrella, Luxorissa, Abu Simbelissä, Thebassa, Memfisissä, Gizassa – suurimman vaikutuksen Marianneen teki Karnakin temppeli. Kaiken kaikkiaan hän kuitenkin piti enemmän ihmisistä kuin "vanhoista kivistä".

Kairosta he palasivat Alexandrian kautta Jaffaan, jossa tällä kertaa jäivät laivasta. Jaffasta he ratsastivat Jerusalemiin ja edelleen Jordanin laaksoon. Kuolleen meren maisemia Marianne ihaili, mutta Betlehem teki häneenkin ainoastaan negatiivisen vaikutuksen huijaavine kauppamiehineen. Galilean, Genesaretin järven ja Hermon-vuoren kautta kulkevaa reittiä he ratsastivat koko matkan takaisin Damaskokseen, ja jatkoivat sitten edelleen ratsain halki Libanonin Tripoliin.

Kesällä 1867 Northit tekivät vielä uuden matkan Alpeille, Tiroliin ja Pohjois-Italiaan, missä isä kalasti ja tytär maalasi ja tutki kasveja.

Isän kuoleman jälkeen Marianne Northilla oli vaikeuksia löytää itselleen uutta seuralaista – vaikka tytöt näin olivatkin jo matkustelleet perheidensä kanssa, yksin matkustamista ei edelleenkään pidetty soveliaana edes Euroopassa. Vähitellen matkakuume kuitenkin kävi niin ylitsepääsemättömäksi, että hän päätti lähteä omin päin.

Selvitettyään pesän Hastingsissä Marianne lähti vanha palvelijattarensa Elizabeth seuranaan maalaamaan Rivieralle. Hän ei kuitenkaan viihtynyt paikkaa siihen aikaa kansoittaneiden englantilaisten terveysmatkailijoiden parissa – hän kutsui tunnelmaa "anglo-invalidismiksi". Parin kuukauden jälkeen he jatkoivat matkaa Italiaan ja edelleen Sisiliaan. Marianne ihastui ikihyviksi pittoreskiin Palermoon, ja sen upea kasvitieteellinen puutarha kruunasi vaikutelman. Sieltä käsin he tekivät retkiä ympäristöön ja vuorille.

Kun hän halusi matkustaa eteenpäin Girgentiin, tuttu lääkäri varoitti, että eräs englantilainen nainen palvelijattarineen oli vastikään murhattu siellä. Elizabeth oli kauhuissaan, mutta Mariannen päätöstä uutinen ei horjuttanut.

He kiertelivät Sisiliassa kolmisen kuukautta, ja lähtivät sitten Messinasta laivalla Genovaan, mistä Marianne lähetti Elizabethin kotiin. Itse hän lähti vielä kuukaudeksi maalaamaan Milanon lähelle Monte Generosoon, josta teki retkiä muun muassa Como-järvelle. Viimeinen pysähdys oli Itävallan puolella Trafoissa, minkä rauhallisessa ilmapiirissä hän viihtyi yli kuusi viikkoa. Mutta Euroopassa oli levotonta – Ranskan ja Preussin välille oli tällä välin puhjennut sota, jonka pelättiin leviävän Italiaan saakka. Oli aika palata kotiin.

Näistä matkoista kertovat luvut jätettiin kuitenkin alkuun pois Marianne Northin muistelmien *Recollections of a happy life* (postuumisti) julkaistusta laitoksesta, koska niitä pidettiin liian tavanomaisina ja haluttiin antaa enemmän tilaa eksoottisemmille maisemille. Kirjan saavuttama yllättävä suosio sai Catherine-sisaren muuttamaan mielensä ja julkaisemaan myös aikaisempien matkojen kuvaukset myöhemmin niteessä nimeltä *Further recollections of a happy life.*

5. Maitse ja meritse matkailevat naiset

Raamatun maat ja klassinen Eurooppa jo varhain kehittyneine turistipalveluineen olivat liian turvallisia tyydyttääkseen todellista seikkailun ja eksotiikan janoa, ja niin monet näistäkin naisista jatkoivat matkustamista yhä vain kauemmas perinteisiltä reiteiltä. Kun he olivat päässeet matkailun makuun, mikään ei enää pidätellyt heitä.

Yksi kuuluisa naismatkailija teki kuitenkin heti ensimmäisen matkansa peräti uudelle mantereelle – ja jo kauan ennen kun koko mannerta edes tunnettiin muualla Euroopassa.

Hän oli viikinki Gudrídr Thorbjarnardottír.

Gudrídrin – tai Gudrid Vaeltajan, kuten häntä myös kutsutaan – sanotaan olleen eniten matkustellut nainen keskiajalla. Hänestä ei kuitenkaan ole olemassa kovin tarkkoja tietoja.

Gudrídrin tarina on kerrottu kahdessa eri saagassa, Grönlantilaisten saagassa ja Erik Punaisen saagassa (yhdistetty ja julkaistu suomeksi nimellä Viinimaan saaga). Koska ne on kirjoitettu muistiin vasta pari sataa vuotta myöhemmin, ne ovat eläneet ja muuttuneet matkan varrella ja poikkeavat jonkin verran toisistaan. Näin siis Gudrídrin tarinakin on yksityiskohdiltaan tulkinnanvarainen. Siitä ei kuitenkaan ole epäilystä, etteikö hän olisi ollut todellinen henkilö ja käynyt sekä Pohjois-Amerikassa että Roomassa.

Gudrídr Thorbjarnardottír syntyi 900-luvun loppupuolella Laugarbekkassa, Islannissa, jonne hänen isänisänsä oli tullut Norjasta kuningatar Aud Syvämietteisen orjana. Hänen isänsä Thorbjörn Vífillisson oli "hyvin pidetty mies, hyvä isäntä ja suureläjä". Gudrídr itse oli "naisista kauneimpia ja etevä kaikissa toimissa".

Thorbjörn kuitenkin myi maansa Islannissa ja osti laivan lähteäkseen ystävänsä Eiríkr Punaisen luo Grönlantiin. Mukaan lähti kaikkiaan 30 henkeä. Matka oli vaikea, ensin he harhautuivat myrskyssä ja sitten iski tauti, johon menehtyi puolet matkalaisista. Lopulta heidän onnistui kuitenkin rantautua Grönlantiin, tosin ei Eiríkr Punaisen siirtokuntaan vaan Herjólfsniemelle, jonne he jäivät talveksi. Viinimaan saagan mukaan heidät sinne pelasti mies nimeltä Thorkell, toisten lähteiden mukaan kyseessä olisi ollut itse Leifr Eiríkrinpoika.

Siellä vanha ennustajaeukko povasi Gudrídrille:

- - sinä saat täällä Grönlannissa kosinnan, mitä kunniakkaimpana pidetään, vaikkei se avio pitkään kestä, sillä sinun tiesi vie Islantiin, ja siellä on sinusta syntyvä suuri ja hyvä suku, ja sinun sukuhaarasi yllä

paistavat kirkkaammat säteet, kuin mitä minun on
suotu nähdä - - [9]

Kun ilmat taas paranivat, Thorbjörn varusti laivansa
uudelleen ja jatkoi matkaa Brattahlídiin, jonne Eiríkr
Punainen oli kymmenisen vuotta aiemmin perustanut
siirtokunnan. He viettivät Eiríkrin luona seuraavan talven
ja keväällä Eiríkr antoi Thorbjörnille maata Stokkanesista,
jonne hän asettui perheineen.

Eiríkr Punaisella oli kaksi poikaa, Thorsteinn sekä
Amerikan mantereen löytäjänä tunnettu Leifr. Ensin
mainittu – joka oli koko Grönlannin tavoitelluimpia
poikamiehiä – kosi Gudrídriä, ja kosija oli isänkin mieleen.
Häät pidettiin Brattahlídissä syksyllä. Thosteinnillä oli
asuinpaikka Traanivuonolla, joka oli Grönlannin
länsirannikolla, ja sinne nuoripari asettui. Gudrídrin
aiemmin saama ennustus osoittautui kuitenkin paikkansa
pitäväksi, sillä jo seuraavana talvena seudulle levisi
tautiepidemia, johon Thorsteinn menehtyi.

Tässä kohtaa saagojen eri versiot tosin eroavat
ratkaisevasti toisistaan. Toisen version mukaan Thorsteinn
oli ollut matkalla veljensä löytämään Viinimaahan 20
miehen kanssa Thorbjörnin laivalla. Matka oli rankka ja
koko kesän he ajelehtivat pitkin ja poikin, kunnes
rantautuivat takaisin Grönlantiin. Thorsteinn kuoli tautiin
nimenomaan tämän matkan päätteeksi, ja sen mukaan
myös Gurdídr olisi ollut mukana jo tällöin. Toisen saagan
mukaan tätä toista matkaa Viinimaahan johti kolmas Eiríkr
Punaisen poika, Thorvald, joka kuoli Atlantin takana
intiaanien ampumaan nuoleen.

---

9   Viinimaan saaga. Saagat, s. 19

Olipa kumpi tahansa versio oikea, lopputulos on se, että Gudrídr jäi leskeksi hyvin nuorena.

Kun myös isä Thorbjörn kuoli vain vähän myöhemmin, otti Eiríkr Punainen Gudrídrin hoiviinsa ja huolehti hänen eduistaan.

Samana kesänä Grönlantiin saapui Thorfinnr Karlsefni, varakas kauppias Islannista. Hän ihastui oikopäätä kauniiseen Gudrídriin, ja he menivät naimisiin jo seuraavana talvena.

Brattahlídissä puhuttiin edelleen Leifrin löytämästä Viinimaasta ja Karlsefniä innostettiin lähtemään sinne perustamaan pysyvää siirtokuntaa. Yllyttäjistä innokkaimpia oli Gudrídr, ja niin pariskunta lähti matkaan. Tällä kolmannella matkalla Viinimaahan oli mukana kaikkiaan kuusikymmentä miestä ja viisi naista sekä kotieläimiä ja muita elintarpeita. Karlsefni sai Leifr Eiríkrinpojalta luvan käyttää rakennuksia, jotka Leifr oli pystyttänyt Viinimaahan omalla tutkimusmatkallaan. He viettivät ensimmäisen vuoden Leifrin leirissä. Kaikkiaan uudisasukkaat viipyivät Viinimaassa kolmisen vuotta.

Tänä aikana Gudrídr synnytti pojan, Snorrin, joka on ensimmäinen tunnettu uudella mantereella syntynyt eurooppalainen. Tästäkin on useita eri versioita, joiden mukaan tapahtuma on ajoitettu vuosien 1004 ja 1011 välille – joka tapauksessa puoli vuosisataa ennen Kolumbusta.

Suhteet alueen alkuperäisväestöön olivat kuitenkin kireät ja siirtolaiset päättivät palata takaisin Grönlantiin. Sieltä Gudrídrin ja Karlsefnin matka jatkui vielä Norjaan,

KUVA 5: Gudrídrin ja Snorrin patsas Laugerbaekkassa
(Kuvaaja: Kathryn Buchanan)

jossa he viettivät yhden talven. He palasivat lopulta Islantiin ja asettuivat asumaan Glaumbaeriin Skagavuonolle. Thorfinnr Karlsefni kuoli pian sen jälkeen.

Islannissa oli niihin aikoihin voimakas käännytysliike ja Gudrídrkin oli harras kristitty. Jäätyään toisen kerran leskeksi hän lähti yksin pyhiinvaellukselle Roomaan, jalkaisin halki koko Euroopan (joidenkin lähteiden mukaan hän teki tämän vaelluksen jopa kahdesti).

Palattuaan Gudrídr vihkiytyi nunnaksi ja vietti lopun elämäänsä kotikylässään Islannissa erakkona. Koko perhe oli syvästi uskonnollinen ja useat Islannin piispat ovat hänen jälkeläisiään suoraan alenevassa polvessa.

&

Ida Pfeiffer lähti toisella matkallaan hänkin viikinkien maisemiin – täysin päinvastaiseen suuntaan kuin yleensä lähdettiin. Hän lähti Islantiin.

Hän valmistautui matkaan huolellisesti opetellen ennen lähtöään sekä englantia että tanskaa ja myös ottamaan daguerrotypioita (varhaisia valokuvia).

Huhtikuussa 1845 Ida Pfeiffer viimein sitten nousi Kööpenhaminassa purjelaivaan. Viikon päästä Islannin rannikko jo näkyi, mutta sää oli niin myrskyinen että vasta yhdentenätoista päivänä laiva onnistui rantautumaan Havenfjordiin, Reykjavikin ulkopuolelle.

Ida matkusti pienellä budjetilla ja laivan kapteeni järjesti hänelle perhemajoituksen tuntemansa leipurin luona Reykjavikissa. Perhe oli ylen ystävällinen ja Ida viihtyi heidän luonaan, vaikka myöhemmin valittikin islantilaisten yksipuolista ruokavaliota.

Reykjavikista käsin hän teki ensin lyhyempiä retkiä. Hän näki myös ensimmäiset kuumat lähteet. Sen jälkeen hän uskaltautui ratsain pitemmälle.

Pian Ida sai huomata, että matkustaminen pohjoisessa oli vieläkin rankempaa kuin autiomaassa. Täällä ei kiusana ollut polttava aurinko vaan kylmyys, ja maasto oli vieläkin vaikeakulkuisempaa. Varsinkin pitkät hameet osoittautuivat lähes mahdottomaksi matkapuvuksi lumisohjossa – vettyneet helmat painoivat kun lyijy, kun oli noustava hevosen selkään. Kuitenkin Ida oli yhtä sinnikäs kuin ennenkin. Jäätiköllä hän odotti kaksi päivää nähdäkseen geysirin purkautuvan.

Pienessä Sälsunin kylässä hän valmistautui kiipeämiseen Heklan tulivuorelle. Hän palkkasi oppaan ja hankki tarvikkeita: metallivahvisteisen matkasauvan, leipää ja juustoa, vettä itselleen ja viinaa oppaalle. Eteneminen vaikeutui mitä ylemmäs he pääsivät ja oli oltava koko ajan varuillaan, ettei astunut sulavan lumen täyttämään railoon. Lopulta hevoset oli jätettävä taakse ja jatkettava jalan. Ida kompasteli ja sai haavoja terävistä laavalohkareista, ja lumesta heijastuva auringonvalo häikäisi hänen silmiään. Mutta lopulta hän seisoi Heklan huipulla. Siellä iski vielä lumimyrsky, joka onneksi kuitenkin laantui nopeasti. Kaikista vaivoista huolimatta kokemus oli vaikuttava:

Täältä Heklan korkeimmalta huipulta saatoin nähdä kauas ja laajalle asumattomaan maahan, näky joka oli yksitoikkoinen, kiihkoton, eloton ja kuitenkin ylevä - -

näky, jota ei unohda kun sen kerran on nähnyt, ja jonka muisto korvaa ruhtinaallisesti kaikki koetut vaivat ja vaikeudet. Kokonainen maailma täynnä jäätiköitä, laavahuippuja, lumi- ja jääkenttiä, jokia ja pieniä järviä sisältyi tähän upeaan maisemaan; eikä ihmisjalka ollut koskaan uskaltautunut astumaan näille synkille ja yksinäisille alueille. Kuinka kauhea on täytynytkään olla sen pitelemättömän luonnonvoiman, joka on saanut nämä muutokset aikaan! Ja onko sen raivo nyt hiljennyt ainiaaksi? Onko se tyytyväinen aiheuttamaansa tuhoon? Vai nukkuuko se vain purkautuakseen taas uudella voimalla, ja tuhotakseen nuo muutamat viljellyt palstat, jotka on siroteltu niin harvaan tähän maahan? - - [10]

Myöhemmin samana vuonna Hekla todellakin alkoi jälleen syöstä tulta – oltuaan rauhallinen 70 vuoden ajan.

Upeista kokemuksistaan huolimatta Ida ei kuitenkaan antanut kovin hyvää kuvaa islantilaisista. Hän väitti että he joivat aivan liikaa ja käyttivät sen lisäksi runsaasti nuuskaa ja purutupakkaa, olivat likaisia ja laiskoja, ja heidän vieraanvaraisuutensakin oli yliarvostettua. (Myös myöhemmillä matkoillaan hän oli kärkäs arvostelemaan paikallisia ihmisiä ja tapoja.)

Heinäkuun lopussa hän palasi laivalla takaisin Kööpenhaminaan, ja jatkoi sieltä saman tien vielä Norjaan ja Ruotsiin. Matka kulki Kristianian kautta Göteborgiin, ja sieltä laivalla pitkin kanavia, jokia ja järviä kohti Itämerta ja Tukholmaa. Kotona Wienissä hän oli jälleen puolen vuoden kuluttua lähdöstään.

---

10 The story of Ida Pfeiffer and her travels in many lands, s. 163. (käännös kirjoittajan)

74

Edith Durham puolestaan lähti alun perin seuraamaan jo suosittua reittiä Balkanille, mutta ihastui maisemiin niin, että matkusti yhä vain syvemmälle sekä maantieteellisesti että henkisesti.

Hänen nuoruutensa 1800-lopulla Lontoossa oli ollut perinteinen. Hän oli vanhin lontoolaisen lääkärin yhdeksästä lapsesta, ja sai hyvän kasvatuksen opiskellen taidemaalariksi. Hän saavuttikin mainetta akvarellistina ja teki myös kuvitustöitä. Isän kuoleman jälkeen hän kuitenkin joutui – naimattomien tytärten tapaan – ottamaan vastuun sairastelevan äitinsä ja sisarustensa hoitamisesta. Tehtävä oli raskas ja lopulta hän sai hermoromahduksen. Lääkäri suositteli hänelle terveysmatkaa jonnekin ulkomaille, ja hän onnistui neuvottelemaan itselleen kahden kuukauden loman. (Järjestely jatkui äidin kuolemaan saakka – hän matkusti kaksi kuukautta vuodesta ja palasi aina kymmeneksi hoitamaan kotia.)

Hän oli 37 vuoden ikäinen, kun hän vuonna 1900 lähti ensimmäisen kerran laivalla Triestestä Dalmatian rannikolle. Sieltä hän jatkoi maitse Montenegroon. Ensimmäisen kirjansa alussa hän kuvailee tätä reittiä sanoin:

Tiestä Cattarosta Cetinjeen on kirjoitettu niin paljon kuvauksia, että on aivan turha kuvailla sitä taas kerran, eivätkä sanat voi edes tehdä sille oikeutta. Noustuamme kolmen tunnin ajan ohitamme viimeisen keltamustan itävaltalaisen aseman ja ajuri, vuoriston poika kun on, osoittaa maata ja sanoo "Crnagora!" (Tsernagora).

Crnagora, ylväs, harmaa, ikävä, kaaos toistensa päälle sikin sokin kasautuneita kalkkikivipaasia, kuolleen maiseman tuulen tuivertama luuranko. Ensimmäinen näkymä maasta on shokki. Kauhea karuus, paljaiden vuorenhuippujen loputon jono, paljaiden kallioiden kuiva erämaa, joka on majesteetillinen rujossa yksinäisyydessään, ne kertovat yhdellä iskulla vuosisatojen kärsimyksistä. Seuraavassa hetkessä mieli täyttyy kunnioituksesta ja ihailusta niitä ihmisiä kohtaan, jotka ovat pitäneet parempana tämän erämaan vapautta kuin orjuutta hedelmällisillä mailla. [11]

Tästä alkushokista huolimatta matkasta tuli hänen elämänsä käännekohta ja hän matkusteli lopulta Balkanilla parikymmentä vuotta.

Vaikka hänkin alkuun oli tyypillinen yläluokkainen naismatkailija, joka maalasi vesiväreillä maisemia, hän pian kiinnostui alueen politiikasta ja kulttuurista ja päätyi aktiivisesti tukemaan paikallisia taistelussa ottomaanien hallintoa vastaan. Hän julkaisi seitsemän kirjaa ja lukuisia lehtiartikkeleita alueen tilanteesta, myös raportin ensimmäisestä Balkanin sodasta. Hän kannatti alkuun serbejä ja montenegrolaisia, mutta päätyi tukemaan ennen muuta Albanian itsenäisyystaistelua. Hän työskenteli eri avustusjärjestöille ja perusti lopulta myös oman avustusrahaston. Työ ei ollut helppoa ja hän kohtasi ennakkoluuloja sekä kotimaassaan että paikallisten joukossa.

Englantilainen kirjailija ja lehtinainen Rebecca West syytti häntä "sellaiseksi matkailijaksi, joka palaa kotiin

---

11 Durham, Through the lands of the Serb, s. 4 (käännös kirjoittajan)

KUVA 6: Edith Durham Pohjois-Albaniassa 1913.
(Kuvaaja tuntematon)

sydämessään lempikansa, jota hän pitää kärsijänä ja viattomana, ikuisesti joukkomurhien uhrina, ei koskaan niiden tekijänä"[12] – Edith Durham haastoi Westin oikeuteen kunnianloukkauksesta. Hän joutui törmäyskurssille myös kuuluisan historioitsijan E.W. Seton-Watsonin kanssa, jota hän kritisoi siitä, että tämä asui aina maassa vierailleissaan kalleimmissa hotelleissa eikä koskaan tavannut tavallista kansaa. Edith itse yöpyi kylissä ja haaremeissa, kerran jopa ladossa, jossa oli myös juuri korjattu sipulisato.

Mutta Edith Durham oli sitkeä, ja nykyisin häntä kunnioitetaan molemmilla tahoilla. Hän on saanut lännessä arvostusta myös antropologina, albaanit taas kutsuvat häntä vuoristolaisten kuningattareksi. Yhtä sitkeä hän oli matkustaessaan – hän kesti valittamatta vaivoja ja vaaroja. Matkustaminen yksin Albaniassa oli tosin helpompaa kuin monissa muissa maissa. Vuoristossa oli perinne, joka tunnettiin nimellä "albanialaiset neitsyet" – nuoret tytöt pukeutuivat miesten vaatteisiin ja saivat tässä roolissa samat vapaudet kuin miehetkin. Tämä perinne suojeli myös Edithiä, joka yllätyksekseen oli siellä vapaampi kuin keski-ikäisenä ikäneitona kotimaassaan. Tosin hän kyllä sai matkoillaan myös lukuisia naimatarjouksia, mutta kukaan ei painostanut häntä hyväksymään niitä.

∽

Pitkään suosituin lomailun muoto Keski-Euroopassa – varsinkin naisille – oli ollut terveysmatkailu kylpylöihin.

---

12 Edith Durham. Wikipedia. (viitattu 25.1.2017)

Mutta kun romantiikan myötä kiinnostus kääntyi luontoon, Alpeilla katseet kohdistuivat nimenomaan korkeuksiin. Vuorikiipeilystä tuli muodikas harrastus ja pian myös naiset innostuivat siitä.

Sveitsissä matkaillessaan Fredrika Bremerillä oli tapana tehdä pitkiä kävelyretkiä vuorilla, ja lopulta hänkin – silloin jo korkeasta iästään huolimatta – päätti kokeilla vuorikiipeilyä nuorten tyttöjen ryhmän kanssa. Mont Blancille hän ei sentään yrittänyt kiivetä (vain kolme naista oli siihen mennessä suoriutunut siitä). Hän tyytyi helpompaan "naisten reittiin" – joka sekään ei lopulta osoittautunut kovin helpoksi. Jälkikäteen hän vasta huomasi *Baedeker*-oppaastaan, että siinä varoitettiin juuri sen nimenomaisen jäätikön ylityksestä.

Ensimmäisiä tunnettuja naiskiipeilijöitä Alpeilla oli neiti Parminter jo vuonna 1799. Ensimmäisenä naisena Mont Blancille kiipesi yksinhuoltajaäiti Maria Paradis vuonna 1808 – hänen tavoitteenaan oli saada tempulla mainosta Chamonix'ssa sijaitsevalle teehuoneelleen. Hän onnistuikin pääsemään huipulle (ja myös tekemään teehuoneensa tunnetuksi), mutta hän tarvitsi yritykseensä kyllä huomattavan määrän apua. Hän oli perille päästyään niin nääntynyt, että tuskin pystyi hengittämään eikä enää nähnyt mitään.

Myös Gertrude Bell ihastui vuorikiipeilyyn lomaillessaan perheensä kanssa Keski-Euroopassa. Tämä laji hurmasi hänet lopulta niin, että hän palasi Alpeille omin päin nimenomaan kiipeilemään. Ensimmäinen hänen valloittamansa vuori oli 4000 metriä korkea Meije. Myöhemmin hän valloitti myös korkeimmat huiput Mont

Blancin ja Matterhornin ja useita huippuja, joille ei aiemmin ollut kiivetty – yhä tänä päivänä yksi niistä kantaa nimeä Gertrudspitze. Vuosina 1899-1904 hän oli yksi tunnetuimmista naispuolisista vuorikiipeilijöistä Alpeilla.

Amerikkalainen Annie Smith Peck innostui vuorikiipeilystä opiskellessaan Euroopassa. Vuonna 1892 hän jopa jätti vakituisen työnsä opettajana ja ryhtyi ansaitsemaan elantonsa vapaana luennoitsijana ja kirjoittaen artikkeleita matkoistaan ja kiipeilystä. Hän valloitti vuoria Euroopassa ja Yhdysvalloissa, mutta ennen muuta Etelä-Amerikassa. Hänen mukaansa on nimetty Perun korkeimman vuoren Huascaránin pohjoinen huippu Cumbre Aña Peckiksi. Perun hallitus myönsi hänelle myös kultaisen mitalin "biografisen ja teollisen tiedon tutkimuksista" ja "Perun Andien huippujen valloituksesta".

Annie Smith Peck jatkoi kiipeilyä niin kauan kuin jaksoi. Hänen viimeinen valloituksensa oli Mount Madison New Hampshiressä – silloin hän oli jo 82.

Ongelmaksi tässä(kin) harrastuksessa muodostui vaatetus. Ranskatar Henriette d'Angeville – ensimmäinen nainen, joka kiipesi Mont Blancille ilman apua vuonna 1838 – teki sen paksuissa villahameissa ja tavallisissa kengissä joihin oli isketty nauloja pohjien läpi. Asuun kuului myös silkkisiä alushameita, silkkinen kasvosuojus ja musta puuhka. Hän itse arvioi, että varustus painoi lähes kymmenen kiloa.

Vielä vuonna 1895 Annie Smith Peck aiheutti skandaalin kiivettyään Matterhornille pukeutuneena kiipeilykenkiin, pitkään tunikaan ja pitkiin housuihin. Siihen aikaan naisia yhä pidätettiin, jos he esiintyivät

KUVA 7: Felicité Carrel kiipeämässä Matterhornille 1867.
(Kuva julkaisusta The Illustrated London News, 1886)

julkisesti housuissa. Niinpä vuoren valloituksen sijaista lehdet julkaisivat suuria otsikoita hänen vaatetuksestaan. Se laajeni lopulta kiivaaksi julkiseksi keskusteluksi, ja muun muassa *New York Times*issa kiisteltiin siitä, mitä naisten ylipäätään oli soveliasta tehdä.

Jotkut naiset lähtivät matkaan hameessa, mutta vaihtoivat sen housuihin kun olivat päässeet pois muiden ihmisten näkyviltä – Gertrude Bell kiipesi loppumatkan Meijelle alusvaatteisillaan. Hame jätettiin jonkun kivenlohkareen suojaan odottamaan paluuta. Irlantilainen Elizabeth Burnaby tosin koki kerran ikävän yllätyksen, kun sai palatessaan huomata lumivyöryn vieneen hameen mennessään.

Uudessa Seelannissa vuonna 1894 naiset olivat jo saaneet äänioikeuden, mutta silti naimaton Freda du Faur aiheutti kohun kiivettyään Mount Cookille "ilman esiliinaa" eli kaksin oppaan kanssa, joka oli nuori mies. Seuraavalle nousulleen hän joutui palkkaamaan myös kantajan – kahden nuoren miehen seura oli soveliasta, koska kumpikin vahti toistaan. Hän puuskahtikin tuskastuneena:

> Onnistuin melkein toivomaan, että minulla olisi tuo naiskiipeilijöille niin tarpeellinen lisäke – aviomies. Totesin kuitenkin surullisena, että vaikka minulla sellainen olisikin, hän luultavasti pitäisi vuorikiipeilyä epänaisellisena eikä jälkimmäinen tilanne näin olisi edellistä parempi... [13]

Naiset perustivat myös omia kiipeilijäyhdistyksiä. Kun useimmat keskieurooppalaiset alpinistikerhot hyväksyivät

---

13 Russell: The blessings of a good thick skirt, s. 97 (käännös kirjoittajan)

jäsenikseen naisiakin, konservatiivinen *British Alpine Club* ei. Niinpä brittiläiset naiset perustivat *Ladies' Alpine Club*in vuonna 1907 ja vuotta myöhemmin *Ladies' Scottish Climbing Club*in. Vuonna 1921 perustettiin vielä *Pinnacle Club*, sekin naiskiipeilijöille.

&

Kun naiset alkoivat toden teolla innostua matkailusta, heille julkaistiin myös omia opaskirjoja. Näistä ensimmäinen, Lillias Campbell Davidsonin kirjoittama *Hints to Lady Travellers*, ilmestyi jo vuonna 1889 ja siitä tuli nopeasti bestseller.

Kirjan luvuista tosin 55 käsitteli kotimaan- ja vain 2 ulkomaanmatkailua – näistä toinen matkustusta Manner-Euroopassa ja toinen merimatkoja.

Heti ensimmäisen luvun aiheena olivat onnettomuudet, mutta tarkoituksena ei ollut pelotella matkaan lähtijöitä – luvut oli järjestetty sisällön mukaan aakkosjärjestykseen, jossa *accidents* vain sattui osumaan ensimmäiseksi. Teos oli reipashenkinen ja siinä kannustettiin naisia lähtemään rohkeasti matkaan.

Kirjoittaja vakuutti, että yksinäisiä naisia kohdellaan jopa huomaavaisemmin matkoilla kuin muissa tilanteissa. Junien konduktöörejä varsinkin kiiteltiin, tosin vain brittiläisiä – samaan hengenvetoon haukuttiin heidän saksalaisten virkaveljiensä käytöstä siivottomaksi. Siihen aikaan oli pitkän matkan liikennevälineissä tarjolla myös naisten vaunuja, mutta niitä Davidson ei suuremmin kaivannut. Hänen mukaansa niissä matkusti vain nuoria äitejä sylilapsineen ja pahansisuisia ämmiä, jotka "eivät todellakaan olisi tarvinneet suojelua keneltäkään". Oma palvelusneitikin oli hänen mukaansa täysin tarpeeton, varsinkin jos hän matkusti alemmassa luokassa kuin emäntänsä. (Tämä tietenkin antaa jo vihjeen, ettei opas ollut tarkoitettu tavalliselle rahvaalle.)

Antoisana matkailuna hän suositteli varsinkin pyöräretkiä – siihen aikaan olivat juuri tulleet muotiin kolmipyöräiset, jotka hänen mukaansa tarjosivat naisille aivan uuden vapauden liikkua omin päin. Pyöräilyasun väriksi hän suositteli harmaata tai liilasekoitteista tweediä, koska niissä ei näkynyt muta eivätkä ne haalistuneet auringossa. Hän neuvoi vielä pukemaan ylle mahdollisimman vähän alushameita. Myös patikointi ja vuorikiipeily saivat omat lukunsa, viimeksi mainittu tosin vain Skotlannissa ja Walesissä, missä se vielä onnistui pitkissä helmoissakin.

Monien nyt huvittavilta kuulostavien neuvojen – kuten käsilaukkuun pakattava norsunluinen hansikkaiden venytin ja merimatkoille mukaan otettava oma kansituoli – ohella siinä oli paljon sellaistakin, joka on hyödyllistä yhä vieläkin. Siinä neuvotaan tinkimään taksien (silloin hevosajurien) pyytämästä matkan hinnasta, kerrotaan miksi majoitus kannattaa varata suositusten perusteella ja millaisia juomarahoja tulee antaa missäkin tilanteessa. Siinä kerrotaan myös, että rautatieasemilla myytävät sämpylät ja voileivät ovat hyviä välipaloja, kunhan ne eivät vain sisällä kinkkua.

Viimeisessä luvussa kirjoittaja toteaa, että yksin tai ystävättären kanssa matkustavia naisia tapaa jo joka puolella, eikä heihin enää kiinnitetä erityistä huomiota. Hän lopettaa teoksensa sanoen:

Tämä pieni kirja on kirjoitettu siinä toivossa, että siitä olisi apua niille oman sukupuoleni edustajille, joille matkailun maailma on yhä laaja ja tutkimaton alue, ja jonka vaarat ja epämukavuudet tuottavat heille täysin turhaa pelkoa. - - Jos olen tällä yrityksellä onnistunut edes jollakin tavoin auttamaan sisariani heidän vaelluksillaan tai rohkaissut yhtäkin naista liittymään maitse tai meritse matkailevien joukkoon, tunnen että olen saavuttanut tavoitteeni eikä työni ole mennyt hukkaan.[14]

---

14 Davidson: Hints to lady travellers, s. 198 (käännös kirjoittajan)

6. Kirjoita matkastasi, jotta voit taas matkustaa

Löytöretkien myötä erilaiset kulttuurit olivat alkaneet kiehtoa myös kotiin jääneitä. Oppineita seuroja perustettiin levittämään tietoa uusista maista, ja matkakertomuksista ja kaukaisten maiden kuvauksista tuli yksi kaikkein suosituimpia kirjallisuudenlajeja 1500-1700 -luvuilla. Niitä lukivat niin miehet kuin naisetkin, mutta kului kuitenkin vielä sata vuotta ennen kuin ensimmäiset naisten kirjoittamat matkakirjat julkaistiin.

Johanna Schopenhauer tunnetaan nykyisin maailmalla paremmin filosofi Arthur Schopenhauerin äitinä ja kirjailija Johann Wolfgang von Goethen ystävänä. Hän oli kuitenkin ensimmäinen saksalainen nainen, joka elätti itsensä kirjailijana. Hän oli myös intohimoinen matkailija.

Hän syntyi vuonna 1766 Danzigissa ja sai naiseksi varsin perusteellisen koulutuksen, johon kuului myös *Grand Tour*. Sen peruja hän oli tottunut ylelliseen elämään myös matkustaessaan. Myöhemmin hän seurasi miestään tämän liikematkoilla, kunnes jäi leskeksi suhteellisen nuorena. Kun hän oli menettänyt perintönsä konkurssissa ja hänen kuuluisa poikansa oli kieltäytynyt kustantamasta hänen matkojaan ympäri Eurooppaa, hän keksi ryhtyä kirjoittamaan kuvauksia niistä. Vuonna 1817 ilmestyi niistä ensimmäinen, *Erinnerungen von einer Reise in den Jahren 1803, 1804 und 1805*, joka sisälsi muistelmia hänen Ranskan matkaltaan. Sen suosion kannustamana hän jatkoi kuvausten kirjoittamista myöhemmiltäkin matkoiltaan.

∽⑤

Ida Pfeiffer kirjoitti ensimmäiseltä matkaltaan päiväkirjaa, josta luki mielellään otteita ystävilleen, mutta ei alun perin suunnitellut kirjan julkaisemista. Vasta kun kustantaja itse ehdotti sitä hänelle, rohkeni hän ryhtyä työhön. Kirjan julkaisemiseen hän tarvitsi kuitenkin lain mukaan perheensä – myös jättämänsä aviomiehen – suostumuksen. Sen hän onneksi sai ja kirja ilmestyi kahdessa osassa vuonna 1844 nimellä *Reise einer Wienerin in das Heilige Land*. Kirjoittajaksi oli merkitty vain nimikirjaimet I.P. (Vasta neljäs painos vuonna 1856 julkaistiin hänen koko nimellään.) Kirjasta tuli myyntimenestys ja siitä saamansa tulot hän käytti seuraavaan matkaansa, joka suuntautui Skandinaviaan. Kuvaus tästä matkasta ilmestyi kaksi vuotta myöhemmin nimellä *Reise nach dem skandinavischen Norden und der Insel Island im Jahre 1845.*

Hän matkusti hyvin niukalla budjetilla, mutta hän osasi olla säästäväinen. Hän laski tarkkaan keräämistään näytteistä saatavien tulojen ja edellisiltä matkoilta kirjoittamiensa kirjojen tekijänpalkkioiden riittävän suurimpaan unelmaan, maailmanympärimatkaan. Päiväkirjaansa hän kirjoitti:

Säästöni olisivat tuskin riittäneet prinssi Pückler-Muskaun, Chateaubriandin tai Lamartinen kaltaisille matkailijoille edes kahden viikon retkeen, mutta arvioin niiden riittävän minulle kahden, kolmen vuoden matkailuun, mikä laskelma myöhemmin osoittautui oikeaksi. [15]

Myöhemmät matkansa hän pystyikin rahoittamaan aina edellisistä kirjoitettujen kuvausten tuloilla. Hän matkusti lopulta jopa kahdesti maailman ympäri – kaiken kaikkiaan 240 000 kilometriä meritse ja 32 000 kilometriä maitse.

Ensimmäisen maailmaympärimatkansa hän aloitti Hampurista, jossa nousi Rio de Janeiroon lähtevään laivaan. Jälleen kerran hän ei halunnut huolestuttaa kotiin jääviä ja kertoi heille matkustavansa vain Brasiliaan.

Brasilian pääkaupunki ei kuitenkaan tehnyt häneen suurta vaikutusta. Hänen kuvauksensa mukaan kadut olivat likaisia ja rakennukset, jopa julkiset, mitättömiä. Myöskään tummaihoiset asukkaat eivät viehättäneet häntä, mutta portugalilaisnaisia hän piti kauniina. Riosta käsin hän teki retkiä ympäristöön, mutta luontokaan ei herättänyt täällä ensin ihastusta. Ida koki trooppisen väriloiston väsyttävänä. Lisäksi kuuma ilmasto ja hyönteiset kiusasivat häntä.

Sademetsien intiaanit kiinnostivat häntä, mutta silti hän ei erityisemmin arvostanut heitäkään. Vaikka he ottivat hänet vastaan vieraanvaraisesti, alkukantaisuus järkytti häntä ja hän kirjoitti, että "intiaanit olivat vieläkin rumempia kuin neekerit".

---

15 The last travels of Ida Pfeiffer, s. xxvi (käännös kirjoittajan)

Joulukuun alussa Ida nousi englantilaiseen laivaan jatkaakseen matkaansa mantereen ympäri Valparaisoon, Chileen. Laiva purjehti niin lähellä rannikkoa, että matkustajat saattoivat seurata kannelta elämää Patagoniassa ja Tulimaassa. Kuuluisa Kap Horn kierrettiin myrskyssä, joka raivosi monta päivää. Perillä Valparaisossa oltiin maaliskuun alussa.

Täkäläinenkin elämä järkytti Idaa syvästi. Parin viikon kuluttua Ida jatkoikin jo matkaansa yli Tyynenmeren kohti Kiinaa.

Matkan varrella hän pysähtyi Tahitilla – tai Otaheitellä, kuten hän kapteeni Cookin tapaan sitä kutsui. Parkin viipyessä satamassa, Ida lähti retkeilemään Vaihirian vuoristojärvelle. Tahitilla Ida pääsi vierailemaan myös kuningatar Pomaren luona, ja kuvausta hänen hovistaan luettiin Euroopassa suurella kiinnostuksella. Etelämeren paratiisisaaret olivat siihen aikaan "muodissa".

Toukokuun puolessa välissä parkki jatkoi Tahitilta Filippiinien kautta Kiinaan. Heinäkuun alussa se saapui Macaoon, josta Ida jatkoi Hong Kongiin ja Kantoniin pitkin Helmijokea. Kiinasta Ida piti ja olisi mielellään viipynyt siellä pitempäänkin, mutta koska maassa liikkuminen siihen aikaan oli vaarallista, hän jatkoi pian matkaansa edelleen.

Kantonista hän matkusti Singaporeen, ja sieltä Ceylonille – Ida kuvaili, että Ceylonin saari oli mereltä katsoen yksi upeimmista hänen koskaan näkemistään maisemista. Hän kierteli saarella pari viikkoa ja jatkoi sitten Intian niemimaalle. Kalkutassa hän viihtyi, sillä siellä asuva eurooppalainen siirtokunta otti hänet innostuneesti vastaan ja hän tunsi olonsa taas kotoisaksi.

Viiden viikon jälkeen hän jatkoi matkaansa syvemmälle Intiaan, ensin pitkin Gangesia Benaresiin. Sen jälkeen hän matkusti pääasiassa härkävankkureilla kunnes Rajputanin kuningas vaikuttuneena tämän länsimaalaisen naisen matkasuunnitelmista tarjosi hänelle kamelikaravaanin palvelijoineen kaikkineen. Intian yläluokka oli muutenkin hyvin vieraanvarainen ja hän majoittui useissa kodeissa. Heidän kanssaan hän pääsi osallistumaan muun muassa tiikerinmetsästykseen.

Bombaysta hän jatkoi matkaansa laivalla kohti Persiaa. Hänen tarkoituksenaan oli vaeltaa maitse Teheraniin, mutta sisämaassa oli levottomuuksia, joiden vuoksi hänen oli muutettava suuntaa. Hän kääntyi kohti Mesopotamiaa ja matkusti Basrasta Bagdadiin. Bagdadissa hän liittyi karavaaniin, joka matkasi 500 kilometriä Mosulin autiomaan halki. Matka kesti kaksi viikkoa. Mosulissa hän liittyi (varoituksista huolimatta) toiseen karavaaniin, joka matkasi Tabriziin halki Kurdistanin. Kun hän perillä Tabrizissa ilmoittautui Englannin konsulille, ei tämä voinut uskoa hänen todella tehneen tuo matkan.

Sieltä hän lähti Armenian ja Georgian kautta kohti Odessaa. Kotiin hän palasi Konstantinopolin, Smyrnan ja Ateenan kautta.

Matkasta kirjoitettu kuvaus *Eine Frauenfahrt um die Welt,* julkaistiin vuonna 1850, ja se teki Ida Pfeifferista lopullisesti kuuluisan.

Palattuaan kotiin tältä ensimmäiseltä maailmanympärimatkaltaan Ida kertoi, että hänen matkailunsa loppui siihen ja hän halusi vain levätä rauhassa. Tämä päätös ei kestänyt kauan.

Uudelle matkalle häntä auttoivat paitsi kirjan hyvät myyntitulot myös Itävallan hallituksen myöntämä 1500 floriinin apuraha. Kerrottuaan suunnitelmistaan lähteä jälleen matkaan vuonna 1851, hän sai myös useita vierailukutsuja länsimaalaisilta eri puolilla maailmaa.

Toisen maailmanympärimatkan ensimmäinen määränpää oli Hyväntoivonniemi. Kun hän lopulta saapui Kapkaupunkiin, kaikki suunnitelmat menivät kuitenkin heti uusiksi. Kustannukset matkasta Afrikan sisäosiin osoittautuivat liian suuriksi hänen rajalliselle budjetilleen, ja niin tämä ajatus oli hylättävä. Hän viipyi Kapkaupungissa kuukauden verran ja jatkoi sitten kohti Kaukoitää. Laivamatka Singaporeen maksoi hänelle vain ruoan hinnan, kolme Englannin puntaa.

Tarkoituksena oli jatkaa Singaporesta Australiaan, mutta kultaryntäys oli äkkiä nostanut laivalippujen hinnat pilviin, eikä hänellä enää ollut varaa siihenkään. Jonkin aikaa mietittyään hän päätti matkustaa sen sijaan Hollannin Itä-Intian siirtomaihin.

Borneolla ja Jaavalla hän saikin ystävällisen vastaanoton paikallisilta eurooppalaisilta. Saksalaiset kauppiaat jopa lahjoittivat hänelle vapaalipun, joka kelpasi kaikilla hallituksen laivoilla saaristossa.

Borneolla hän lähti jälleen kerran varoituksia uhmaten saaren sisäosiin matkaten jalan ja veneillä. Hän saapui pian täysin villeille alueille, joilla edelleen asui pääkallonmetsästäjiä – yhdessä kylässä hän todellakin itse näki vastaleikattuja päitä eikä vain kuivattuja kalloja. Ihmiset osoittautuivat kuitenkin hyvin ystävällisiksi ja vieraanvaraisiksi. Hänen onnistui aina saada yösija ja usein myös vene ja opas seuraavalle etapille. Näin hän pääsi perille hollantilaisten hallitsemaan Pontianakiin – paikallisten suureksi hämmästykseksi.

Borneolta hän jatkoi Jaavalle ja sieltä Sumatralle, jolla matkasi toistatuhatta kilometriä ratsain ja parisataa kävellen. Matkamuistoksi hän sai sieltä malarian, joka vaivasi häntä kohtauksina loppuelämän.

Sumatralla hänen ensimmäinen vaikutelmansa kylistä oli, että ne olivat saastaisia. Sulawesilla hän majoittui paikallisten heimopäälliköiden luona, mutta ei voinut olla – jälleen kerran – kommentoimatta matkakertomuksessaan heidän yksinkertaisten, olkikattoisten "palatsiensa" likaisuutta ja sotkua eikä myöskään pahaa ruokaa.

Kun hän saarilla kierreltyään nousi Bataviassa San Franciscoon lähtevään laivaan, hän oli jälleen onnistunut saamaan lipun tälle kahden kuukauden purjehdukselle ilmaiseksi!

Uudella mantereella hän kävi tutustumassa Oregon-intiaanien alueisiin ja jatkoi sitten matkaansa laivalla Panamaan ja sieltä edelleen Callaoon ja Limaan. Tarkoituksena oli matkata Limasta maitse koko mantereen halki Brasilian rannikolle, mutta Perussa oli puhjennut vallankumous, ja hän joutui palaamaan takaisin päin Equadoriin. Sieltä hän nousi Cordilleras-vuorille ja onnistui näkemään myös Cotopaxin purkauksen (mistä tutkimusmatkailija Alexander von Humboldt myöhemmin oli hänelle ylen kateellinen). Sen jälkeen hän palasi jälleen länteen päin rannikolle, josta purjehti takaisin Panamaan.

Toukokuussa hän ylitti Panaman kannaksen ja nousi toisella puolella New Orleansiin menevään laivaan. Sieltä hän jatkoi maitse ja jokia pitkin St Louisin ja Chicagon kautta Suurille järville ja Niagaran putouksille. Käytyään vielä Kanadan puolella hän saapui lopulta New Yorkiin, josta lähti laiva takaisin Eurooppaan. Liverpooliin hän palasi marraskuussa 1854.

Kirja *Meine zweite Weltreise* ilmestyi kaksi vuotta myöhemmin, vuonna 1856.

Samana vuonna hän lähti viimeiselle matkalleen. Hän nousi laivaan, joka purjehti kohti Hyväntoivonniemeä. Kapkaupunkiin päästyään hän vielä pohdiskeli eri vaihtoehtoja ja päätyi sitten unelmiensa kohteeseen: Madagaskariin.

Hän saapui Tamatavén satamakaupunkiin kuuden päivän purjehduksen jälkeen. Kaupunki vaikutti suurelta hökkelikylältä. Vaikka siellä oli siihen aikaan jo 4000–5000 asukasta, suurin osa heistä asui pienissä majoissa, jotka oli siroteltu yltympäriinsä ilman minkäänlaista asemakaavaa. Keskellä kaupunkia oli basaari, jossa myytiin lihaa, sokeriruokoa, riisiä ja hedelmiä – eikä sitten muuta. Härät tapettiin paikan päällä. Tuttuun tapaansa Ida kuvasi paikallista väestöäkin varsin epäkunnioittavasti rumiksi ja "puolivilleiksi". Ruokakin oli hänestä yksitoikkoista eivätkä heidän tanssinsakaan olleet kovin kiinnostavia.

Hänen onnistui saada lupa matkustaa myös saaren sisäosissa sijaitsevaan pääkaupunkiin Antananarivoon. Hänen vierailunsa aikana siellä kuitenkin puhkesi kapina kuningattaren julmuutta vastaan, ja retkestä tuli lopulta painajainen.

Kun Ida pääsi takaisin rannikolle, hän oli huonossa kunnossa ja nousi ensimmäiseen laivaan, joka purjehti Mauritiukselle. Siellä hänellä oli ystäviä, jotka huolehtivat hänestä. Kuume kuitenkin palasi yhä uudelleen, ja lopulta hänen oli luovuttava lopuista matkasuunnitelmistaan – hän olisi yhä halunnut päästä Australiaan – ja suunnattava kotia kohti.

Kotimatkan aikana hänen tilansa heikkeni uudelleen, ja pian kotiin päästyään Ida kuoli veljensä luona Wienissä lokakuun lopussa 1858.

Kertomus viimeisestä matkasta ilmestyi postuumisti nimellä *Reise nach Madagascar. Nebst einer Biographie der Verfasserin nach ihren eigenen Aufzeichnungen.*

Vaellushalustaan huolimatta hän ei useinkaan osannut tai halunnut arvostaa paikallisia oloja ja tapoja. Toisin kuin myöhemmät avoimemmin mielin ja/tai tieteellisemmin matkailuun suhtautuvat kanssasisarensa Ida Pfeiffer arvioi kaikkea näkemäänsä eurooppalaisten arvojen mukaan, ja välillä tämän päivän lukija väkisinkin ihmettelee, miksi hän ylipäätään halusi nähdä muita maita. Hän oli haukkunut islantilaisia laiskoiksi ja juopoiksi, eikä hän arvostanut sen enempää eteläamerikkalaisia, indonesialaisia eikä madagaskarilaisiakaan. Ida Pfeiffer kirjoittikin ennen muuta seikkailukertomuksia – häntä viehättivät erityisesti ihmissyöjät ja pääkallonmetsästäjät.

༺

Mary Kingsleykin oli tiedustellut ensimmäisen matkansa jälkeen sedältään mahdollisuutta julkaista matkakertomuksensa, ja oli saanut myönteisen vastauksen. Hän alkoi itse kuitenkin empiä ja alkuperäisestä käsikirjoituksesta on julkaistu vain katkelmia artikkeleina. Ensimmäinen kirja *Travels in West Africa* ilmestyi viimein (kahden matkan jälkeen) vuonna 1897 ja siitä tuli heti myyntimenestys – kirja julkaistiin tammikuussa ja saman vuoden kesäkuussa siitä otettiin jo viides painos. Itse George Bernard Shaw kuului sen luettuaan Maryn suuriin ihailijoihin – sanotaan että Mary oli esikuvana Lady Cicelyn hahmolle näytelmässä *Captain Brassbound's Conversion*. Toinen kirja *West African Studies* oli samanlainen menestys.

Marysta tuli nopeasti suosittu luennoitsija, joka veti kuulijoita yhtä lailla kuin lukijoitakin. Muodollisen koulutuksen puute oli ehkä hänen etunsa, sillä hänen luentonsa kuultokuvineen ja huumorin höystämine anekdootteineen eivät todellakaan pitkästyttäneet ketään. Salissa saattoi olla yhtä aikaa pari tuhattakin kuulijaa ja silti useat joutuivat kääntymään ovelta.

Tyypillinen on hänen kuvauksensa matkalta kohti Ogowe-joen yläjuoksua – puolet taipaleesta oli koskia ja vesiputouksia, joiden ohi valtava puunrungosta koverrettu kanootti piti vetää tai jopa kantaa. Lähtöä kylästä, jossa he olivat yöpyneet, hän kuvailee kirjassaan:

Minut komennettiin rannalle ja niin minä menin; se oli matala luiska sikin sokin olevia kiviä ja kallionlohkareita ja ilmeisimmin veden alla kosteana vuodenaikana. Kompuroin eteenpäin, miehet huusivat ja karjuivat ja kiskoivat kanoottia, ja kylän asukkaat, nähdessään että me taas näytimme huvittavilta, tulivat juoksujalkaa perässämme, nuoret ja vanhat, miehet ja naiset, puhumattakaan koirista. Jotkut armeliaat sielut auttoivat miehiä kiskomaan, kun taas minä tein parhaani huvittaakseni muita sukeltamalla korkealta kiveltä, jolle olin suurella vaivalla kiivennyt, pää edellä tiheään pusikkoon. He taputtivat esitykselleni raivoisasti, ja sitten auttoivat minua pääsemään sieltä irti. Lopun matkaa rämpiessäni eteenpäin he seurasivat aivan lähelläni, kilpaillen eturivin paikoista siltä varalta, että tekisin uudelleen jotain samankaltaista. Mutta kieltäydyin encoresta, koska olen ujo ja minusta edellinen esitykseni oli jo suoritettu Sarah Bernhardtin tyylisellä hurjapäisyydellä, ja sen tasoisen taide-elämyksen pitäisi kyllä riittää mille tahansa afrikkalaiselle kylälle ainakin vuodeksi. [16]

Hän kritisoi kuitenkin avoimesti sekä brittien siirtomaahallintoa että lähetyssaarnaajien asennetta, mikä toi hänelle myös runsaasti vastustajia. Vähitellen hän alkoi kirjoittaa suoraan poliittisia kannanottoja. Hän olisi halunnut perustaa siirtomaiden asioita ajavan seuran – hanke toteutui vuotta hänen kuolemansa jälkeen, kun *African Society* aloitti toimintansa vuonna 1901.

Palattuaan aikanaan kotiin perheen tekemältä *Grand Tour*ilta Fredrika Bremer omistautui muille asioille pariksikymmeneksi vuodeksi. Kirjoittaminen vei

---

16 Kingsley: Travels in West Africa, s. 170-171 (käännös kirjoittajan)

mukanaan ja hän julkaisi toistakymmentä romaania, jotka vähitellen tekivät hänet tunnetuksi Ruotsin kirjallisissa piireissä. Mutta hän omistautui yhtä lailla myös yhteiskunnallisille asioille – ennen muuta naisasian ajamiseen – ja uskonnollisille pohdiskeluille.

Matkustamisesta hän ei ollut kiinnostunut – *Grand Tour* ei ollut ollut hänelle mieleinen kokemus. Eräässä kirjeessään ystävälleen Per Johan Böklinille vuonna 1840 hän väittää, että "matkat, varsinkin ulkomaille, eivät ole minun juttuni".

1840-luvulla hän kuitenkin alkoi jälleen matkustella, ensin vain kotimaassa, sitten perinteisille kylpyläpaikkakunnille Keski-Euroopassa. Näille matkoille hän lähti äitinsä ja sairastelevan Agathe-sisarensa kanssa ja kirjoitti niistä pieniä matkakuvauksia.

Vuodesta 1848 tuli vedenjakaja. Moni Fredrikan läheisistä ystävistä oli kuollut lyhyen ajan kuluessa. Hän tunsi tulleensa elämässään uuteen vaiheeseen ja kaipasi jälleen vapautta. Elämäkerturi Carina Burman kuvailee: "Kesämatkoillaan hän oli tottunut elämään tien päällä - - ja hän tajusi, että yksinäinen nainen voi todellakin olla matkailija."

Seuraava matka veikin hänet sitten todella kauas.

Vuonna 1849 hän kävi Kööpenhaminassa ja vietti sen jälkeen vielä pari viikkoa Marstrandin kylpylässä sisarensa Agathen kanssa. Heinäkuussa hän kirjoitti sieltä Böklinille:

- - ja matkustan täältä – uuteen maailmaan. Elättelin hiljaisuudessa tätä suunnitelmaa jo Tukholmasta lähtiessäni, mutta sen toteutuminen riippui niin monista ulkoisista ja sisäisistä asioista, että en halunnut puhua siitä. Mutta kaikki on nyt käynyt niin ihmeellisesti sille suosiolliseksi, että se vaikuttaa kohtalooni kirjoitetulta. [17]

Saapuessaan perille New Yorkiin lokakuussa 1849 hän sai konkreettisesti kokea olevansa siellä suositumpi kuin Ruotsissa. New Yorkissa hotellin ulkopuolella jonotti 70-80 hengen joukko saadakseen kätellä häntä, saadakseen hänen nimikirjoituksensa tai kutsuakseen hänet kotiinsa. Pelastavaksi enkeliksi ilmaantui puutarhasuunnittelija ja itseoppinut arkkitehti Andrew Jackson Downing, joka tuli häntä vastaanottamaan. He olivat olleet keskenään kirjeenvaihdossa jo pitkään ja nyt Downing otti hänet suojelukseensa, laati hänelle matkasuunnitelman ja avasi ovet moniin amerikkalaisiin koteihin.

Tästä matkasta kertova kuvaus onkin nimetty *Hemmen i den nya verlden*. Tästä "kotikeskeisyydestä" huolimatta hän halusi oppia tuntemaan Amerikan kaikki eri puolet.

Ensimmäiseksi hän matkusti Uuteen-Englantiin, jossa tapasi amerikkalaisia kirjailijoita. Jatkaessaan matkaa hän tutustui muissa Yhdysvaltain koillisvaltioissa kveekarien ja shakerien uskonlahkoihin, ja keskilännessä ruotsalaisten siirtolaisten ja intiaanien oloihin.

Etelävaltioissa ja Kuubassa hän vieraili orjaplantaaseilla, joilla hän halusi keskustella orjienkin kanssa. Hän kävi myös Yhdysvaltain kongressissa kuuntelemassa yleisölehteriltä debattia orjuudesta. Hän oli orjuuden vastustaja, mutta asui silti orjia omistavien

---

17 Kootut kirjeet III, s. 174. Siteerattu teoksessa Burman, s. 335 (käännös kirjoittajan)

perheiden luona. Hän yritti ymmärtää kaikkia katsomuksia, mikä johti siihen, että hän usein riitautui sekä orjuuden kannattajien että vastustajien kanssa.

Ihailemansa yhteiskuntatieteilijä Alexis de Torquevillen tapaan hän kävi myös vankiloissa tutustuen sekä niiden organisaatioon että vankeihin. Muita vierailukohteita olivat tehtaat, joita siihen aikaan ei Ruotsissa vielä montaa ollut, sekä lastenkodit ja mielisairaalat. Feministinä häntä kiinnosti ennen muuta tyttöjen koulutus ja hän kävi tutustumassa sekä tyttökouluihin että (yksityisiin) naisille tarkoitettuihin yliopistoihin.

Kaiken kaikkiaan hänen näkemyksensä matkakirjassa vaikuttavat silti suhteellisen konservatiivisilta – hän korostaa koko ajan kodin ja uskonnon merkitystä – mutta se saattaa johtua siitä, että kirja oli tarkoitettu suurelle yleisölle. Hänen henkilökohtaiset mielipiteensä saattoivat olla paljon radikaalimpia (tosin syvästi uskonnollinen hän kyllä oli).

Amerikan matkan piti alun perin kestää puoli vuotta, mutta paluumatkalle Eurooppaan hän lähti lopulta vasta kahden vuoden kuluttua, syyskuussa 1851.

Viimeisen pitkän matkansa "eteläisiin ja itäisiin maihin" Fredrika Bremer aloitti jälleen Keski-Euroopasta. Matkan varsinainen määränpää oli Sveitsi, jonne hän saapui kesäkuussa 1856. Hän oli kiinnostunut ennen muuta Sveitsin vapaakirkosta – joka kuitenkin osoittautui lopulta pettymykseksi. Silti hän vietti maassa yli vuoden. Hän viipyi Lausannessa talven yli ja useita kuukausia Genevessä. Lopun aikaa hän matkusteli ympäri maata.

Alun perin tarkoituksena oli ollut palata Sveitsistä suoraan kotiin eikä "koskaan, koskaan enää matkustaa sieltä pois". Mutta Italia, ja ennen muuta Sardinian kuningaskunta, oli alkanut kiehtoa Fredrikaa ja niinpä hän päättikin suunnata seuraavaksi sinne.

Matkassa oli vain yksi mutka: hänellä ei olut passia! Siihen saakka sen perään ei kukaan ollut kysellyt, mutta Italian rajalla oltiin tarkkoja.

Hädissään hän kirjoitti Pariisiin lapsuudenystävälleen paroni Ludvig Manderströmille, joka oli ruotsalainen diplomaatti, ja pyysi tätä auttamaan "passitonta raukkaa". Kirjeessä hän pohdiskelee:

> En tiedä, pitääkö minun passin kirjoittamista varten antaa muita tietoja kuin että olen syntynyt elokuussa 1801. Että olen pienikokoinen, minulla on siniset silmät ja suuri nenä, kuten paroni muistanee. Titteliä kirjoittajatar tai kirjailija, joka pantiin espanjalaiseen passiini Havannassa, olisi minun hyvä välttää, koska Italiassa se on yhtä kuin "epäilyttävä henkilö!" [18]

Hän ihastui Italiaan suuresti, vaikka ei pitänytkään sen "kerjäläisistä, likaisuudesta ja rumista pyhimyksenkuvista". Italialaisia miehiä hän kehui heidän hyvästä käytöksestään, kohteliaisuudestaan naisia kohtaan ja taidostaan juhlia ilman "ylimääräistä lastia". Hän piti paljon myös italialaisesta ruoasta.

Torinon jälkeen vuorossa oli Genova, jossa hänen piti tavata "talvityttärensä" Jenny Lind (ei mitään sukua samannimiselle laulajattarelle), joka oli tulossa lämpimään ilmastoon hoitamaan heikkoa terveyttään. Yhdessä he

---

18 Burman: Bremer. En biografi, s. 478 (käännös kirjoittajan)

KUVA 8: Fredrika Bremer.
(Kuva teoksesta Library Of The World's Best Literature,
Ancient And Modern, Vol 6)

jatkoivat sieltä kohti etelää. Roomassa heitä odotti vilkas seuraelämä kaupungin ulkomaalaisten yhteisössä. Sitä Fredrika ei varsinaisesti kaivannut, ja kun Jenny Lind huhtikuun alussa palasi kotiin, vetäytyi Fredrika Sacré Coeurin luostariin Espanjalaisten portaiden juurelle. Luostari oli katolinen ja viikon verran hän kävi siellä nunnien kanssa kiivaita väittelyitä uskonasioista. Sen jälkeen hän muutti protestanttiseen Casa Tarpeiaan, jossa alkoi kirjoittaa viimeistä romaaniaan.

Sitten hän jatkoi edelleen etelämmäs.

Hänen saapuessaan Napoliin oli Vesuvius juuri purkautumassa, ja ensimmäisenä iltanaan hän saattoi nähdä pensionaatin ikkunasta tulenlieskat sen huipulla. Muutaman päivän kuluttua hän kiipesi parin muun matkalaisen kanssa ylös vuorelle nähdäkseen purkauksen vieläkin lähempää.

Hän vietti kesän 1858 eri puolilla Etelä-Italiaa ja Sisiliaa. Siellä syntyi sitten päätös jatkaa matkaa vielä Egyptiin ja Palestiinaan.

Fredrika kävi poikkeuksellisesti Pyhillä mailla vasta viimeisellä matkallaan – monille muille nais-matkailijoillehan se oli ollut ensimmäinen matkakokemus. Hän kirjoitti kotiin, että hänen on kerta kaikkiaan "pakko" matkustaa sinne.

Hän lähti Sisiliasta ranskalaisella höyrylaivalla Maltalle, josta jatkoi matkaa toisella laivalla Egyptin Alexandriaan tammikuussa 1859. Meri oli myrskyisä ja suurin osa matkustajista merisairaita. Eikä siinä vielä kaikki. Perillä odotti uusi vitsaus: Egyptissä oli puhjennut ruttoepidemia.

Ainoa tapa välttää joutumasta karanteeniin olisi ollut kiertää aavikon kautta. Tämä ei houkutellut edes Fredrikaa. Niinpä hän näki Egyptin vain laivan kannelta käsin ja jatkoi sen mukana matkaansa suoraan Palestiinaan.

Laivasta hän nousi Jaffassa. Koska Palestiinassa ei vielä siihenkään aikaan ollut sen enempää rautateitä kuin postivaunujakaan, hänkin taittoi matkan Jerusalemiin ratsastaen miesten tapaan, arabialaisessa satulassa ja arabialaisten ratsumiesten saattamana. Matkatavarat pakattiin kuormahevosten selkään. Omien sanojensa mukaan Fredrika lähti "ei vailla pelkoa, mutta vailla empimistä". Matka kesti kaksi päivää.

Tarkoituksena oli tutustua sekä muinaisiin raamatullisiin paikkoihin että sen aikaisen turkkilaisen provinssin oloihin.

Hän vietti Palestiinassa neljä kuukautta. Jerusalemista käsin hän teki retkiä Getsemaneen, Golgatalle ja Öljymäelle. Huhtikuussa hän lähti tapaamiensa saksalaisten kanssa Jordan-virralle ja Kuolleelle merelle, jälleen ratsain ja tällä kertaa beduiiniheimon suojeluksessa.

Lähdettyään Jerusalemista hän ratsasti ensin Jaffaan ja jatkoi sieltä laivalla Haifaan, josta käsin teki retkiä Nasaretiin, Genesaretin järvelle ja Tiberiakseen.

Vaikka Fredrika oli hyvin uskonnollinen, hänenkään matkansa ei kuitenkaan ollut tyypillinen pyhiinvaellus. Hän piti monia raamatullisia kohteita mauttoman kaupallistuneina (jo silloin). Hän vieraili myös moskeijoissa, ja naisena pääsi tutustumaan haaremeihinkin.

Naisasianaista kiinnosti ennen muuta naisten asema haaremeissa. Vaikka moniavioisuus ei enää ollut yleistä, haaremien suojissa asui myös naimattomia sisaria ja muita naispuolisia sukulaisia, jotka yhdessä muodostivat oman suljetun maailmansa. Fredrika kävi heidän kanssaan pitkiä keskusteluja uskonnosta, paratiisista ja helvetistä. Hän kyseli heiltä myös, haluaisivatko hekin matkustella – vastaus oli, että naisille se oli syntiä.

Palestiinasta Fredrika matkusti laivalla Beirutiin, josta hän ratsasti ylös Libanon-vuorelle – tällä kertaa aasilla. Sen jälkeen hän nousi jälleen höyrylaivaan, joka vei hänet Latakian ja Iskanderumin rannikkokaupunkien sekä Rhodoksen ja Patmoksen saarten kautta turkkilaiseen Smyrnaan. Sieltä hän palasi jatkamaan klassisen Euroopan kierrostaan.

Hän pysähtyi toiseen antiikin kohteeseen Kreikkaan, joka hänelle edusti demokratian alkukotia. Kuten muuallakin, hän oli siellä kiinnostunut sekä antiikista että nykyajasta.

Hän saapui Ateenaan elokuun alussa 1859 tarkoituksenaan viipyä kaksi viikkoa ja sen jälkeen palata kotiin "ainakin syksyksi". Toisin kuitenkin kävi – jälleen kerran – ja kaksi viikkoa venyi lopulta kahdeksi vuodeksi.

Hän asui alun perin kaukaisen sukulaisensa Carl Peter von Heidenstamin luona, joka oli Ruotsin asiainhoitaja Ateenassa. Mutta sitten hänelle tarjottiin asuntoa kokoko talveksi. Oma huone, ystäviä lähellä ja kuitenkin oma vapaus. Fredrika näki niissä ainutlaatuisen mahdollisuuden työrauhaan. Niinpä hän päätti jäädä.

Hän lähetti kuvauksen Konstantinopolista julkaistavaksi *Aftonbladet*issa, ja alkoi sitten toden teolla työstää varsinaista matkakertomustaan.

Teoksen *Lifvet i gamla verlden* piti alun perin olla kolmiosainen, jossa ensimmäinen osa olisi käsitellyt Sveitsiä ja Italiaa, toinen itämaita ja kolmas Kreikkaa. Teos ilmestyi lopulta kuusiosaisena. Viimeistellessään tekstiä hän teki yhä runsaasti taustatutkimusta ja otti mukaan myös suoria lainauksia lehtiuutisista ja kuulemiaan kertomuksia. Teos on saavuttanut suurimman suosionsa vasta myöhemmin. Sekin kuitenkin käännettiin useille kielille, tosin ei aina kokonaisuudessaan – eniten kiinnostusta herättivät keskimmäiset niteet, joissa kuvattiin itämaita.

Vaikkei se alkuun ollutkaan suuri myyntimenestys, arvostelut olivat suopeita. Viktor Rydberg kirjoitti *Göteborgs handelstidning*issä, että matkakirjailijalla olisi oltava:

- - silmää ulkoisille ilmiöille kirjavassa moninaisuudessaan; silmää sille, mitä on näiden ilmiöiden takana, henkisille ilmiöille, joiden käsittämiseen ja ymmärtämiseen tarvitaan terävänäköisyyttä ja sielun silmän tottumusta sekä huomattava tietovarasto - - [19]

Lopuksi hän toteaa, että Fredrika Bremerillä oli kaikki nämä ominaisuudet.

---

19 Burman: Bremer. En biografi, s. 512 (käännös kirjoittajan)

∞

Viktoriaanisen ajan lukuisista englantilaisista matkakirjailijoista tunnetuin lienee Isabella Bird Bishop, joka oli sekä tutkimusmatkailija että seikkailija. Hän on matkustanut niin Lähi- ja Kaukoidässä kuin Villissä Lännessäkin, ja kirjoittanut lukuisia kirjoja, jotka olivat aikansa bestsellereitä – parista on otettu uusintapainokset vielä aivan hiljan.

Isabella Birdinkin ensimmäiset kirjat olivat romanttisia seikkailukuvauksia, mutta vähitellen hänen tyylinsä kävi vakavammaksi ja tieteellisemmäksi. Myöhemmät teokset sisältävät paljon kansatieteellisiä kuvauksia elävöitettyinä tarkoilla piirroskuvituksilla.

Hänen aikalaisensa ja elämäkerturinsa Anna Stoddart kirjoittaa:

Kaksi sukupolvea lukijoita on ollut todella ihastuneita Mrs. Bishopin matkakirjoihin, ja hänen kykynsä huomioida tarkkaan, hänen hyvä muistinsa ja hänen taitonsa kuvata elävästi, ovat tehneet monille mahdolliseksi jakaa hänen kokemuksensa ja seikkailunsa noissa värikkäissä maissa, jotka vetivät häntä puoleensa magneetin lailla. [20]

Isabella sairastui vakavasti 18-vuotiaana ja hänen selästään leikattiin kasvain – leikkauksen jälkeenkin selkä oli kivulias, mutta ei suinkaan estänyt hänen seikkailujaan, päinvastoin. Hän lähti ensimmäiselle matkalleen nimenomaan terveydellisistä syistä ja myöhemminkin hän väitti olevansa paljon paremmassa kunnossa retkeillessään vuoristoissa ja viidakoissa kuin maatessaan kotona – oliko

20 Stoddart: The life of Isabella Bird, s. v (käännös kirjoittajan)

syy tähän sitten fyysinen vai psyykkinen, sitä emme enää tänään pysty arvioimaan.

Joka tapauksessa ajan tavan mukaan lääkäri suositteli kivulloiselle Isabellalle merimatkaa, ja siihen tarjoutui viimein tilaisuus vuonna 1854, kun Kanadaan palaavat pikkuserkut lupasivat ottaa hänet mukaansa. Isä antoi hänelle 100 puntaa ja luvan viipyä niin kauan kuin se riittäisi.

Kesäkuussa hän lähti Liverpoolista kohti Halifaxia Nova Scotiassa. Hän vietti pari kuukautta sukulaisten luona Prinssi Edwardin saarella – jossa ei viihtynyt lainkaan, mutta jonne juuttui, koska Kanadassa ja Yhdysvalloissa oli puhjennut koleraepidemia. Elokuussa hän viimein pääsi jatkamaan matkaansa laivalla, postivaunuilla ja junalla preerioiden halki Chicagoon. Sieltä hän matkusti höyrylaivalla Suurten järvien yli Detroitin kautta Torontoon. Tutustuttuaan kaupunkiin ja retkeiltyään sen ympäristössä hän lähti kuukaudeksi tuttavaperheen luo maaseudulle. Hän palasi laivalla alas St. Lawrence -jokea vieraillen matkan varrella myös Niagaran putouksilla. Matka kesti seitsemän kuukautta, ja kotiin päästyään hänellä oli matkakassasta jäljellä 10 puntaa.

Isabella oli alun perinkin aikonut kirjoittaa kokemuksistaan kirjan. Käytännössä hän kirjoitti sen – ja kaikki myöhemmätkin teoksensa – pitkinä kirjeinä perheelleen. Lopullinen teksti oli näiden pohjalta editoitu versio, josta oli karsittu pois kaikki henkilökohtaisuudet. Se ilmestyi vuonna 1856 nimellä *The Englishwoman in America*, ja siitä tuli heti myyntimenestys sekä Englannissa että Kanadassa.

Merkittävintä tässä teoksessa oli se, että Isabella Bird matkusti ja kertoi matkoistaan paljon avoimemmin mielin kuin edeltäjänsä. Monet brittien kirjoittamat matkakuvaukset Atlantin takaa kertoivat itse asiassa enemmän luutuneista englantilaisista asenteista kuin todellisesta Amerikasta. Nuori Isabella sen sijaan nautti jokaisesta kokemuksesta sellaisena kuin sen kohtasi. Kanssamatkustajiaan junassa hän kuvailee innostuneesti:

- - Vastapäätä minua istui kaksi 'preeriamiestä' - - Tylsyys katosi heidän seurassaan; he osasivat kertoa juttuja, viheltää sävelmiä ja laulaa huvittavia lauluja väsymättä ja loputtomiin: onnekkaita olivat ne jotka istuivat tarpeeksi lähellä - - Siellä oli kalifornialaisia pukeutuneena kullankaivuuta varten nahkaisine kultahiekkapusseineen; siellä oli mormoneja matkalla Utah'an; ja levottomia sieluja etsimässä sitä jännitystä ja vaihtelua, jota he olivat turhaan hakeneet sivistyksen parista! - - [21]

Ensimmäisen teoksen jälkeen kesti kuitenkin parikymmentä vuotta ennen kuin Isabella Birdin ura matkakirjailijana todella alkoi.

Hän omistautui kotona Skotlannissa hyväntekeväisyydelle, mutta kärsi niin fyysisistä vaivoista kuin masennuksestakin. Lyhyet turistimatkat eivät tuoneet kumpaankaan helpotusta. Lääkäri suositteli vaihtamaan maisemaa niin usein kuin mahdollista. Niinpä hän lähti lopulta matkustamaan toden teolla, ei enempää eikä vähempää kuin maailman ympäri.

---

21 Bird: The Englishwoman in America, s. 141 (käännös kirjoittajan)

Heinäkuussa 1872 hän nousi Edinburghissa Australiaan lähtevään laivaan. Ensimmäiset pysähdykset Australiassa ja Uudessa Seelannissa eivät kuitenkaan tehneet häneen minkäänlaista vaikutusta – ainakaan positiivista. Vasta Havaijilta matkalainen löysi jotain uutta ja erikoista ja piristyi silminnähden.

Alkuun hän vietti aikaansa sovinnaisesti brittiläisten lähetyssaarnaajien luona, mutta ratsastusretki Kilauean tulivuorelle sai hänet niin lumoihinsa, että loppumatka oli täynnä toinen toistaan vaarallisempia seikkailuja.

Tulivuori oli ollut niin mahtava kokemus, että kun Isabellalle myöhemmin tarjoutui tilaisuus liittyä englantilaisen W.L. Greenin tieteelliseen retkikuntaan Mauna Loalle, hän ei epäröinyt hetkeäkään. Vuori on yli 4000 metriä korkea, mutta jälleen Isabellan terveys osoittautui rautaiseksi. Tällä kertaa vuori oli aktiivisessa vaiheessaan ja huipulla odotti muitakin koettelemuksia kuin pelkkä korkeus ja kylmyys. Rikinkatkut ja kuuma laava kärvensivät silmäripset, polttivat käsineet ja melkein kengätkin. Mutta Isabella oli lähes ekstaasissa, ja hänen tekstinsäkin on kuin hengästynyttä.

Sitten, hämmästys vaihtui nopeasti ihailuksi kun tuliset suihkulähteet tanssivat tulisella järvellä; nyt, se oli silkkaa pelkoa, kauhua, ja ylevyyttä, pimeyttä, tukahduttavia kaasuja, polttavaa kuumuutta, rysäyksiä, kuohuja, räjähdyksiä; kajastavia tulia, hirveitä, kidutettuja, vellovia aaltoja. [22]

---

22 Bird: Hawaiian archipelago, ss. 382-383 (käännös
    kirjoittajan)

Kolme tuntia he seisovat katsomassa tätä näytelmää, vaikka maa oli jo niin kuumaa, että heidän oli seisottava vuorotellen kummallakin jalalla. Mr. Green oli siellä tekemässä tieteellisiä havaintoja, mutta Isabella oli vain kuvailemassa sitä ja, ennen muuta, kokemassa sitä. Tämän vuoksi hän matkusti. Tämän kauempana ei voinut olla viktoriaanisesta Englannista.

Isabella vietti Havaijilla puoli vuotta ja kirjoitti sieltä seuraavan julkaistun matkakertomuksensa *Hawaiian archipelago : Six months among the palm groves, coral reefs, & volcanoes of the Sandwich Islands.*

Havaijilta Isabella jatkoi Amerikan mantereelle ja siellä Coloradoon, lähellä Denveriä sijaitsevalle paikkakunnalle nimeltä Estes Park. Alue on nykyään osa Kalliovuorten luonnonpuistoa, mutta siihen aikaan se tunnettiin terveellisestä ilmastostaan. Tämä lieni syynä siihen, että Isabella matkusti juuri sinne, vaikka hänen terveytensä ei ainakaan Havaijilla tuntunut enää olevan kovinkaan heikko.

Jos hän Havaijilla antautui uhkarohkeisiin seikkailuihin, eivät ne olleet vielä mitään Kalliovuorten kokemuksiin verrattuna. Niistä on syntynyt Isabella Birdin ehkä tunnetuin kirja *A Lady's Life in the Rocky Mountains* – mikään ei tosin olisi voinut olla vähemmän *ladylike*.

Hänelle oli tullut tavaksi kirjoittaa sisarelleen lähettämien matkakirjeiden alkuun "Tässä ei mitään huolestuttavaa", mutta tässä vaiheessa matkaa kirjeet todella alkoivat sisältää huolestuttaviakin uutisia – julkaistusta tekstistä ne toki on kaikki karsittu pois. Täällä

111

Isabella nimittäin kohtasi paitsi Villin Lännen kesyttömän rajaseudun myös elämänsä suurimman – ja ehkä ainoan – rakkauden, eikä sen kohde todellakaan ollut mikään viktoriaaninen gentleman.

James Nugent oli syntyisin sivistyneestä englantilaisperheestä, mutta oli viettänyt varsin värikästä elämää: hän oli karannut kotoaan nuorena ja pestautunut alkuun Hudson's Bay Companyn palvelukseen, sittemmin Yhdysvaltain armeijaan tiedustelijaksi intiaanisotien aikaan. Hänestä tulikin eräs preerioiden kuuluisimpia – ja uhkarohkeimpia – tiedustelijoita ja oppaita, joka johdatti niin armeijan joukkoja kuin uudisasukkaiden karavaanejakin halki vaarallisten seutujen. Villi Länsi oli siihen aikaan todella nimensä veroinen ja hän eli sen mukaisesti, mikä tuhosi niin hänen terveytensä kuin komean ulkonäkönsäkin. Sittemmin hän vetäytyi Kalliovuorille ja elätti itseään turkismetsästäjänä. Hänet tunnettiin yleensä vain nimellä Rocky Mountain Jim, ja Isabellan kohdatessaan hän oli klassinen desperado ja auttamaton juoppo. "Ladyn" seurassa hän kuitenkin yhä osasi käyttäytyä sivistyneesti ja ilmeisesti myös nautti tästä harvinaisesta tilaisuudesta. Hän tunnustikin myöhemmin Isabellalle, että tämä oli ensimmäinen joka vuosiin oli kohdellut häntä ihmisenä.

Isabella ja Jim ystävystyivät, ja suhde kehittyi nopeasti yhä läheisemmäksi, lopulta luultavasti intiimiksikin – nämä yksityiskohdat tosin oli sensuroitu myös sisarelta.

Estes Parkissa Isabella asui Griff Evansin luona, joka oli asettunut seudulle vain muutamaa vuotta aiemmin. Hän hankki elantonsa karjankasvattajana ja oli samalla tehnyt

KUVA 9: Kirjan alkuperäisen laitoksen nimiösivu

tilastaan matkailunähtävyyden, jolla turistit saattoivat tutustua tähän amerikkalaiseen elämänmuotoon. Muutkin alueen uudisasukkaat tarjosivat matkalaisille yösijan ja Isabella retkeilikin seudulla ristiin rastiin – myös yksinään. Hänen matkakertomuksensa tarjoaa näiltä osin samalla autenttisen kuvauksen uudisasukkaiden elämästä Lännessä.

Ajoittain selostus käy tosin hiukan uskomattomaksi – Isabella on todistetusti väritellyt muitakin kertomuksiaan. Eräs yhdelle retkelle osallistuneista nuorista miehistä (hänestä tuli myöhemmin Denverin pormestari) on kirjoittanut muistelmissaan oman kuvauksensa samasta retkestä. Hän kertoo, että kuullessaan, että mukaan tulee myös nainen, nuoret miehet olivat luonnollisesti toivoneet hänen olevan nuori ja kaunis. Pettymys oli melkoinen, kun he kohtasivat keski-ikäisen naisihmisen (Isabella oli tuolloin 42), joka ratsasti cowboysatulassa kuuluisissa valtavissa pöksyissään. Muutenkin arvon pormestari halusi korostaa, että retki ei suinkaan ollut niin ihmeellinen kuin Isabellan romanttisesti väritetyssä kuvauksessa.

Lopulta Isabella teki ratkaisunsa lähteä takaisin kotimaahan – yritettyään tosin sisukkaasti saarnata desperadolle parannusta. Hän oli kuitenkin vielä vuosia kirjeenvaihdossa James Nugentin kanssa, kunnes tämä kuoli riidan päätteeksi sattuneessa ampumavälikohtauksessa.

Kirjeet Kalliovuorilta ilmestyivät ensin jatkokertomuksena *The Leisure Hour* -lehdessä ja niistä tuli oitis suosittuja. Yhdessä Havaijin matkakirjan kanssa ne tekivät Isabella Birdistä kuuluisan. Rahat tästä menestyksestä hän kanavoi jälleen hyväntekeväisyyteen: hän rakensi taukotuvan ja kahvilan Edinburghin Princes' Streetin taksinkuljettajille ja organisoi varainkeruun Livingstonen muistorahastolle.

Kuvaus seuraavalta matkalta, joka suuntautui Japaniin, oli jo tieteellisempi. *Unbeaten Tracks in Japan* vahvisti Isabella Birdin mainetta vakavasti otettavana maantieteilijänä. Tämä miellytti kirjailijaa suuresti, ja hän kirjoittikin kustantajalleen, että se oli "riemuvoitto naismatkailijalle" ja "todistaa että naisella on oikeus tehdä kaikkea, mitä hän osaa tehdä hyvin".

Tällä matkalla hän kirjasi huolellisesti yksityiskohtia maasta, joka oli tuolloin aivan vastikään avautunut länsimaalaisille. Tokiossa hän tapasi lähetystösihteeri Satow'n, jota pidettiin parhaana Japanin tuntijana. Tältä hän saikin korvaamattomia taustatietoja maasta ja sen tavoista.

Japani ei kuitenkaan alkuun vaikuttanut lainkaan tarpeeksi eksoottiselta hänen makuunsa. Maa oli siirtymävaiheessa perinteisestä yhteiskunnasta länsimaiseksi. Jo silloin kaupunkien liike-elämä oli Isabellan mielestä liian byrokraattista ja liian sujuvaa – kaikki muistutti hänestä brittiläistä yhteiskuntaa vaikka arkkitehtuuri ja maisemat olivatkin erilaisia. Hän halusi lähteä syvemmälle maaseudulle, mutta kielitaidottomana hän tarvitsi oppaan ja tulkin. Tähän tehtävään palkattiin englantia loistavasti puhuva nuori mies nimeltä Ito, jonka värikästä persoonaa Isabella kuvaa herkullisesti läpi koko matkakirjansa.

He kiertelivät maata kesäkuun puolesta välistä pitkälle syyskuuhun. Elokuussa he tulivat pohjoiseen Hokkaidolle ja vielä primitiivisen ainu-kansan asuinsijoille. Isabella tutustui ainujen elämään perusteellisesti ja kuvitti myös kirjansa tarkoilla piirroksilla heidän asusteistaan, tatuoinneistaan ja tarvekaluistaan. Kukaan länsimaalainen ei ennen häntä ollut matkustanut näillä seuduilla.

Palattuaan pohjoisesta hän viipyi Tokiossa vielä kaksi kuukautta korjaillen ja täydentäen muistiinpanojaan. Tässä työssä lähetystösihteeri Satow'n asiantuntemuksesta oli jälleen paljon apua.

Paluumatkalla Japanista hän vieraili vielä Hong Kongissa, Kiinassa ja Malaijissa. Kiinasta hänellä tosin oli alun perin tarkoitus lähteä seuraavaksi Ceylonille, mutta Singaporessa kuvernöörin sihteeri kertoi, että höyrylaiva oli juuri sopivasti lähdössä Malakkaan ja jos häntä kiinnostaisi tutkia Malaijin niemimaan valtioita, he auttaisivat kaikin tavoin matkan järjestämisessä. Isabellalta ei mennyt päätöksen tekemiseen montaa minuuttia. Hän julkaisi näistä muistiinpanoista toisen kirjan nimeltä *The Golden Chersonese and the way thither*, joka ilmestyi kolme vuotta Japanin matkakuvauksen jälkeen.

Sen jälkeen hän asettui Skotlantiin mentyään naimisiin lääkäri John Bishopin kanssa. Avioliitto kesti kuitenkin vain viisi vuotta, kun mies yllättäen menehtyi työssään saamaansa tarttuvaan tautiin.

Miehensä kuoleman jälkeen Isabella palasi Keski-Aasiaan perustaakseen sinne sairaalaan tämän muistoksi. Ennen lähtöään hän oli Lontoossa suorittanut lyhyen sairaanhoitajakurssin. Sairaaloita naisille ja lapsille hän perusti lopulta useita, mutta ensimmäinen niistä aloitti toimintansa Kashmirissa. Alun perin hän olisi halunnut perustaa sen Nasaretiin, mutta koska ottomaanien hallitus – joka silloin piti valtaa Palestiinassa – ei suostunut myöntämään hänelle lupaa, hän ryhtyi etsimään sille paikkaa idempää.

Hän kierteli samalla laajalti Pohjois-Intiassa ja Tiibetissä. Tästä matkasta julkaistu kirja, *Among the Tibetans*, seurasi Japanin kuvauksen linjoilla.

Hän oli jo kokenut ja arvostettu maantieteilijä, mutta edelleen hän rakasti kuvata vaaroja dramaattisesti ja ehkä sekä liioitellen että kaunistellenkin. Tulvivan joen ylitystä hän kuvaa:

Gopat kannustivat minun hevostani; se yritti epätoivoisesti, mutta ei päässyt vastarannalle saakka ja kieri taaksepäin Shayok-jokeen ratsastaja allaan. Pyristelin vastaan, hetken olin tukahtumaisillani, sitten vahvat käsivarret tarttuivat minuun, mutta vyöryvät vesimassat riuhtaisivat minut takaisin; jälleen minut kiskottiin ylös ja lopulta murenevalle rantatöyräälle. Minä selvisin murtuneella kylkiluulla ja muutamilla pahemmanlaatuisilla ruhjeilla, mutta hevonen hukkui. Herra Redslob, joka oli luullut ettei henkeäni voinut enää pelastaa, oli niin järkyttynyt onnettomuudesta samoin kuin tiibetiläisetkin, että päätin vähätellä tapahtunutta ja suostuin lepäämään vain yhden päivän. [23]

Palattuaan Tiibetistä hän tapasi Karachissa majuri Sawyerin. Hänellä oli tarkoitus liittyä majurin "sotiaallis-

---

23 Bird: Among the Tibetans, ss. 76-77 (käännös kirjoittajan)

maantieteelliseen" retkikuntaan, joka suuntasi Persiaan. Persian poliittinen tilanne oli siihen aikaan yhtä räjähdysaltis kuin nykyäänkin ja Isabellankaan ei sotilaallisista syistä sallittu raportoida kaikesta tällä matkalla kokemastaan. Majuri Sawyer toimi Britannian armeijan tiedustelijana.

He viettivät joulun ja uudenvuoden laivalla matkalla kohti Lähi-itää, jossa matka jatkui Bagdadista Teheraniin keskitalven kylmimpään aikaan. Onneksi Isabella oli tottunut matkustaja, joka ei enää välittänyt rahtuakaan siitä miltä näytti. Matkalta otetussa valokuvassa hän esiintyy tyylikkäiden nuorempien maanmiestensä rinnalla hyvin eksentrisissä asusteissa (ja ehdottomasti ilman korsettia). Itse hän luettelee matkavarusteitaan:

Kaksinkertaisten villaisten alusvaatteiden lisäksi puin kaksi paria paksuja Chitral-sukkia pitkien villasukkien päälle, ja näiden päälle pitkävartiset, löysät afgaanisaappaat, jotka on tehty lampaannahasta, turkis sisäpuolella. Ratsastuspukuni on tehty paksusta flanellista ja vuorattu kotikutoisella, ja sen päällä minulla oli pitkä kotikutoinen jakku ja afganistanilainen lammasturkki, raskas turkisviitta polvillani ja tuulta pitämässä ryhdikäs 'määräysten mukainen' sadetakki. Lisätkää tähän vielä korkkikypärä, kalastajan huppu, 'kuusinkertainen' kasvosuojus, kaksi paria villasormikkaita joiden päällä on tumput ja kaksinkertaiset rukkaset, niin voitte vain arvata kuinka helppoa tällaisen henkilön oli nousta hevosen selkään ja selästä! [24]

---

24 Bird: Journeys in Persia and Kurdistan, s. 132. (käännös
    kirjoittajan)

Hänen sairaanhoitajan taitojaan tarvittiin jatkuvasti matkan varren kylissä – tämä taas soi muulle retkikunnalle oivan "naamioinnin". Isabella kutsuttiinkin mukaan myös majurin seuraavalle tiedustelumatkalle, joka suuntautui Kurdistaniin. Sääolot olivat tällä kertaa miellyttävämmät, mutta vaarana olivat nyt taistelevat heimot. Eurooppalaiset eivät olleet koskaan aikaisemmin matkustaneet koko tätä reittiä, ja ne jotka sitä vähänkin tunsivat, vakuuttivat kaikki, että naiselle se ei ehdottomasti sovi lainkaan. Mutta tämähän ei estänyt Isabellaa – päinvastoin se houkutteli häntä kaksin verroin.

Heidän tiensä erosivat lopulta elokuussa Burujirdissä, jonne majuri jäi. Sen jälkeen Isabella oli omillaan. Matka halki Kurdistanin Mustalle merelle kesti neljä kuukautta.

Näiden matkojen kokemukset julkaistiin teoksessa *Journeys in Persia and Kurdistan*, joka sai kiitosta niin poliitikoilta, lähetyssaarnaajilta kuin maantieteilijöiltäkin.

Tammikuussa 1894 Isabella suuntasi jälleen kohti Japania, vaikka hänellä oli todettu vajaatoimintaa sekä sydämessä että keuhkoissa. Kun hän meni ostamaan laivalippua Liverpoolissa, hän sai kuulla, että matka ei maksaisi hänelle mitään – laivayhtiö tarjosi lipun kunnianosoituksena kuuluisalle matkailijalle.

Matka kulki Kanadan ja Tyynen meren kautta, ja jatkui Japanista edelleen Koreaan.

Ensimmäinen vierailu Koreassa kesti neljä ja puoli kuukautta, mutta ensivaikutelma maasta ei ollut kovin hääppöinen – hänestä se oli yksitoikkoinen ja vähiten

119

kiinnostava maa, jossa hän oli koskaan käynyt. Hän muutti kuitenkin tätä käsitystään nähtyään maasta enemmän.

Poliittinen tilanne oli juuri silloin mitä räjähdysalttein, ja Isabella joutui lopulta pakenemaan japanilaisia valloittajia suin päin rajan yli Kiinaan varusteinaan vain päällään olevat vaatteet. Hänellä ei ollut rahaa edes rikshaan ennen kun hän lopulta pääsi paikalliseen brittiläiseen konsulaattiin. Levottomuudet alueella kuitenkin jatkuivat ja nyt marssivat kiinalaiset joukot Mukdenin läpi kohti Koreaa. Jälleen Isabella joutui pakenemaan, sillä kukaan länsimaalainen ei ollut turvassa.

Hän palasi Japaniin ja teki sieltä käsin matkoja sekä Siperian rannikolle että Kiinaan ja olojen hiukan rauhoituttua vielä uudelleen Koreaan. Kaikkiaan hän oli tällä kertaa Aasiassa kolme vuotta.

Kuvaus matkoista Koreassa julkaistiin nimellä *Korea and her Neighbours*, ja viimeinen hänen julkaistuista teoksistaan, *The Yangtze Valley and Beyond*, kuvaa matkaa Kiinassa aina Tiibetin rajalle saakka.

Kotona Euroopassa hän omisti aikansa taas rahankeräykselle erilaisiin hyväntekeväisyystarkoituksiin. Hän kiersi luennoimassa ympäri maata, ja hänestä tuli viimeisinä vuosinaan myös varsin eksentrinen ilmestys. Hän kaipasi yhä Itään ja toisaalta hän oli ikänsä vihannut korsetteja – niinpä hän näihin tilaisuuksiin pukeutui usein upeasti kirjailtuihin itämaisiin kaapuihin. Hän oli kuitenkin jo niin kuuluisa, että saattoi esiintyä juuri niin kuin halusi jopa konservatiivisessa Englannissa.

KUVA 10: Isabella Bird mantšurialaisessa asussa.
(New York Public Libraryn kuvakokoelmat)

Kiinan matkakaan ei jäänyt hänen viimeisekseen. Ennen kuolemaansa hän lopulta lähti Afrikkaan, jonne ei ollut aiemmin uskaltautunut ilmaston kuumuuden vuoksi. Vuonna 1901 – 70-vuotiaana – hän matkusti halki mantereen pohjoisosien. Tältä matkalta on säilynyt kirjeitä, mutta kirjaa siitä ei koskaan julkaistu.

Isabella Bird kuoli vuonna 1904 – jälkeen jäivät suuret matka-arkut, jotka oli jo pakattu seuraavaa Kiinan matkaa varten.

Naiskirjailijoiden matkakertomuksia käännettiin useille kielille ja yleisö Euroopassa ja Yhdysvalloissa ahmi niitä innokkaasti.

Ida Pfeifferin kirja toisesta maailmanympäri-matkastaan käännettiin myös malaijiksi (Kaakkois-Aasiaa käsitteleviltä osiltaan) ja se kuului pitkään sikäläisten koulujen lukemistoon. Kääntäjä A.F. von de Wall kirjoitti sen esipuheessa nuorelle lukijakunnalle:

Olipa kerran nainen nimeltä Ida, joka kasvoi
Euroopassa. Tämä nainen rakasti paljon käydä vieraissa
maissa, ja oppia eri kansojen tavoista ja luonteesta.
Kaikesta mitä hän näki ja kuuli, hän kirjoitti, jotta kaikki
voisivat siitä lukea. Hänen tarkoituksenaan oli
ensinnäkin kasvattaa heidän tietämystään ja toiseksi
myös viihdyttää heitä. [25]

---

25 Somers Heidhues: Woman on the road, s. 309 (käännös
kirjoittajan)

Myös Fredrika Bremerin kirjat käännettiin tuoreeltaan englanniksi (jotkut myös saksaksi) ja hän oli niihin aikoihin englanninkielisissä maissa jopa kuuluisampi kuin Ruotsissa. Tosin kun matkakuvaus Amerikasta lopulta ilmestyi englanniksi, vastaanotto ei ollut kovin innostunut Yhdysvalloissa. Monet hänen kuvaamistaan henkilöistä suorastaan loukkaantuivat ja hän joutui kirjoittamaan lukuisia anteeksipyytäviä kirjeitä. Osa loukkauksista johtui käännösvirheistä. Kääntäjä Mary Howittin ruotsin kielen taito ei ollut tarpeeksi monipuolinen ja Fredrikan käsialakaan ei ollut helppolukuinen (Howitt käänsi teoksen suoraan käsikirjoituksesta) – niinpä häneltä olivat menneet sekaisin esimerkiksi sanat *"finkänslig"* (hienotunteinen) ja *"fyrkantig"* (kulmikas). Ei ihme, että kulmikkaaksi kuvattu hienotunteinen henkilö pahastui. Amerikkalaiset eivät myöskään pitäneet sosiaalisten olojensa kuvauksesta. Englannissa taas niistä luettiin kiinnostuneena, ja kirja saikin Englannissa huomattavasti paremman vastaanoton. Ruotsissa kritiikki oli ollut sekä positiivista että negatiivista.

Vähitellen naisten maailman eri kolkilta kirjoittamien matkakertomusten suosio kasvoi niin suureksi, että niitä alettiin jopa jäljitellä.

Australialainen Mary Gaunt aloitti uransa kirjoittamalla novelleja arkielämästä – suosituimmiksi nousivat kuitenkin ne, jotka perustuivat hänen veljiensä (sic!) seikkailuihin merillä. Vuonna 1890 hän matkusti lehtinaisena Intian kautta Englantiin ja kirjoitti tämän matkan innoittamana romaanin. Sen jälkeen hän loi uran Australiassa romanttisten romaanien kirjoittajana. Miehensä kuoleman jälkeen – jäätyään pennittömäksi ja

kodittomaksi – hän muutti Englantiin ja ryhtyi
järjestelmällisesti luomaan bestseller -uraa.

Koska naisten matkakertomukset olivat juuri silloin
suosittuja, hän matkusti turistina Länsi-Afrikkaan ja
kirjoitti ensimmäiset "afrikkalaiset romaaninsa". Vuonna
1911 hänen kustantajansa ehdotti oikeaa matkakirjaa, ja
kustansi vielä yhden Afrikan matkan. Kirja *Alone in West
Africa* oli mitä suurimmassa määrin pseudotieteellinen.
Suuri yleisö ahmi kuitenkin tämänkin tarinan halukkaasti,
ja Gaunt jatkoi matkailemalla ja kirjoittamalla
seikkailukertomuksia Kiinasta, Siperiasta ja Länsi-Intiasta.

7. Saako nainen olla tutkimusmatkailija?

Kaikki kuuluisat löytöretkeilijät ovat olleet miehiä. Muihin maanosiin purjehtivien laivojen miehistöihinkään ei naisia yleensä kuulunut. Se, että naiset olisivat johtaneet tutkimusretkikuntia, oli pitkään täysin mahdoton ajatus.

Tutkimusmatkailija Bougainvillen retkikuntaan vuosina 1766-1769 tosin kuului yksi nainen, mutta hän esiintyi miehenä.

Hän oli Jeanne Baret, joka oli syntynyt vuonna 1740 Burgundissa, Ranskassa. Hän sai parikymppisenä paikan kotikylänsä lähistöllä asuvan luonnontieteilijä Philibert Commerçonin taloudenhoitajana. Vuonna 1765 Commerçon sai kutsun liittyä Bougainvillen tutkimusretkikuntaan. Koska hän sairasteli paljon, hän tarvitsi Jeannen apua paitsi taloutensa ja paperiensa myös terveytensä hoitoon. Hänellä oli lupa ottaa mukaansa palvelija, mutta naisia laivoille ei missään tapauksessa päästetty. Niinpä Jeanne liittyi Bougainvillen retkikuntaan miespalvelijana ja luonnontieteilijän apulaisena nimellä Jean Baret – Bougainville itse mainitsee hänet julkaistuissa muistiinpanoissaan peräti koulutettuna kasvitieteilijänä.

125

Commerçonin heikon terveyden vuoksi hän suorittikin suuren osan kenttätyöstä.

Hänen sukupuolestaan alkoi kuitenkin vähitellen liikkua juoruja – jotkut tosin epäilivät hänen olevan eunukki ja tahitilaiset pitivät häntä transvestiittina. Huhut alkoivat käydä lopulta kiusallisiksi ja Bougainville oli vain kiitollinen kuin Commerçon päätti jäädä palvelijoineen Mauritiukselle. Commerçon kuoli muutaman vuoden kuluttua ja Jeanne ryhtyi pitämään tavernaa saaren pääkaupungissa.

Hän meni myöhemmin naimisiin ranskalaisen upseerin kanssa, joka oli pysähtynyt saarelle kotimatkallaan, ja palasi tämän kanssa Ranskaan. Näin hän tuli kiertäneeksi koko maailman ympäri, ensimmäisenä naisena.

✎

Eurooppalaisten edetessä yhä lännemmäksi Pohjois-Amerikan mantereella yhtä tutkimusretkikuntaa opasti nainen. Hän oli Sacagawea, shoshoni-intiaani, joka toimi Lewisin ja Clarkin retkikunnan oppaana Yhdysvaltojen länsirannikolle suuntautuneella matkalla vuosina 1805-1806. Hän matkasi tuhansia kilometrejä Pohjois-Dakotasta Tyynelle merelle.

Sacagawea syntyi joskus 1780-luvun lopulla shoshoni-heimoon Lemhi-joen laaksossa Idahossa. Vuonna 1800 hidatsa-intiaanit hyökkäsivät hänen kotikyläänsä ja joukko nuoria tyttöjä, heidän joukossaan Sacagawea, siepattiin ja he joutuivat orjiksi. Kahden vuoden kuluttua tyttö pääsi vapauteen, mutta hänellä ei ollut paikkaa mihin mennä ja niin hän jäi edelleen hidatsa-kylään. Alueella käytiin vilkasta kauppaa ja markkinatoreilla liikkui intiaanien lisäksi valkoisia turkiskauppiaita Kanadan puolelta. Kylässä asunut ranskalais-kanadalainen turkismetsästäjä Toussaint Charbonneau otti Sacagawean (toiseksi) vaimokseen, kun tyttö oli noin 13-vuotias – mies oli häntä kolme kertaa vanhempi. Miehen sanotaan ostaneen molemmat vaimonsa, mutta joidenkin lähteiden mukaan Sacagawean hän oli voittanut uhkapelissä.

Vuonna 1804 heidät molemmat palkattiin tulkeiksi ja oppaiksi Meriwether Lewisin ja William Clarkin retkikunnalle, jonka presidentti Thomas Jefferson oli lähettänyt kartoittamaan Pohjois-Amerikan länsirannikkoa asuttamista varten. Tehtävään oli paljon hakijoita, mutta pariskunta valittiin nimenomaan vaimon kielitaidon vuoksi – mies puhui vain sioux-murteita, vaimo lisäksi shoshoni-kieliä. Sacagawea oli tässä vaiheessa kuudennella kuukaudella raskaana, mutta sekään ei estänyt häntä lähtemästä – hän synnytti pojan matkan aikana.

Matka oli rankka ja Sacagawea osoittautui korvaamattomaksi myös selviytymistaitojensa vuoksi. Hän tunsi maaston ja reitit ja osasi käyttää luonnon niukkoja antimia ravinnoksi. Hän myös kohtasi vaarat alkuperäiskansojen tyyneydellä. Kun heidän laivansa oli vähällä kaatua Missouri-joella, ja miehet joutuivat paniikkiin, hän pelasti retkikunnan tärkeät paperit, kirjat, tutkimusvälineet ja lääkkeet – samalla kun varjeli vastasyntynyttä lastaan. Kiitokseksi tästä Lewis ja Clark nimesivät myöhemmin yhden Missourin jokihaaroista hänen mukaansa.

Hän osasi lisäksi neuvotella paikallisten heimojen kanssa ja vakuuttaa heidät retkikunnan rauhanomaisista aikeista. Clark kirjoitti päiväkirjaansa: "Intiaaninainen vakuutti nuo ihmiset ystävällisistä aikeistamme, koska nainen ei koskaan matkusta intiaanien sotajoukon mukana" ja "havaitsimme, että tulkkimme vaimo rauhoittaa kaikki intiaanit, koska nainen miesten joukossa on rauhan merkki". [26]

Tyyneltä mereltä Sacagawea palasi miehensä ja poikansa kanssa takaisin kylään, josta he olivat lähteneet. Charbonneau sai palkkioksi 320 eekkeriä maata ja 500 dollaria – Sacagawea ei saanut mitään korvausta.

Hänenkään elämästään ei ole varmoja tietoja, suurin osa perustuu Lewisin ja Clarkin päiväkirjamerkintöihin, jotka kattavat vain tutkimusmatkan ajanjakson. Niinpä hänen kuolinvuotensakin on epäselvä – toisen tiedon mukaan hän kuoli jo vuonna 1812 Pohjois-Dakotassa, toisen mukaan peräti 72 vuotta myöhemmin, vuonna 1884 shoshoni-reservaatissa Wyomingissa.

Hänestä tuli kuitenkin myöhemmin yksi Amerikan naisasialiikkeen roolimalleista ja intiaanien oikeuksien symboleista. Hänestä on kirjoitettu myös lukuisia fiktiivisiä romaaneja, varsinkin nuorille suunnattuja intiaanikirjoja.

---

26 Sacagawea. Wikipedia. (viitattu 20.1.2017)

Kun naiset pääsivät laajemmin opiskelemaan, he alkoivat tehdä myös tieteellisiä tutkimusmatkoja ja heidät otettiin lopulta vakavasti tiedeyhteisöissäkin.

Jopa *The Times Literary Supplement* kirjoitti vuonna 1907 heistä myönteisesti:

> Naiset ovatkin ehkä parhaita tutkimusmatkaajia, sillä kun heillä on aito vaeltajan mielenlaatu, he ovat sitkeämpiä ja kumma kyllä sietävät miehiä paremmin hankaluuksia ja epämukavuuksia. He huomaavat epäilemättä paremmin yksityiskohdat ja omaksuvat vaikutteita nopeammin. He ovat valmiimpia osoittamaan sympatiaa, ja he pääsevät helpommin kosketuksiin vieraiden kanssa. [27]

Monien maiden tieteelliset seurat eivät nähneet naisten jäsenyydessä mitään ongelmaa, kunhan kyseinen nainen muuten täytti vaadittavat kriteerit. Esimerkiksi Ida Pfeiffer kutsuttiin sekä Berliinin että Pariisin maantieteellisten seurojen jäseneksi jo 1800-luvun puolessa välissä, vaikka hänellä ei ollut mitään muodollista koulutusta. Jäsenyyttä puolsi hänen tukijansa ja neuvojansa, tutkimusmatkailija Alexander von Humboldt.

Englannin *Royal Geographical Society* sen sijaan taisteli pitkään naisten jäsenyyttä vastaan – pyörsivätpä he jopa kertaalleen asiasta tehdyn päätöksenkin. Naisten hyväksymistä esitettiin seurassa ensimmäisen kerran vuonna 1847, mutta se otettiin keskusteltavaksi vasta 40 vuotta myöhemmin. Ensimmäinen puoltava päätös tehtiin 4.7.1892, mutta jo seuraavassa toukokuussa se peruutettiin. Siihen mennessä hyväksytyt 22 naista –

---

27 Käännös kirjoittajan

heidän joukossaan Isabella Bird – menettivät jäsenyytensä. Vaikka Isabella ei ollut koskaan pitänyt itseään suoranaisena feministinä – hänen mielestäänhän nainen saattoi tehdä mitä halusi, jos vain halusi – hän julisti, että teko oli "järkyttävä vääryys naisia kohtaan". Lopullisesti naisten pääsy seuraan vahvistettiin vasta 1913.

Paikalliset yhdistykset – mukaan lukien *Royal Scottish Geographical Society* – olivat vapaamielisempiä. Niihin naisia alettiin hyväksyä jo 1880-luvulla. Mutta kun Liverpoolin maantieteellinen seura pyysi Mary Kingsleyä luennoimaan Afrikan matkoistaan, piti miespuolisen seuran jäsenen lukea esitys hänen puolestaan, koska naisten ei sallittu esiintyä kokouksissa.

Englannin kansatieteellinen seura taas jakautui kahtia 1860-luvulla. Uuden antropologisen seuran jäsenet eivät hyväksyneet sitä, että emoyhdistyksen kokouksiin alettiin päästää naisia.

Kuitenkin varsinkin antropologiselle tutkimukselle naiset toivat täysin uuden näkökulman, koska he pääsivät tutustumaan naisten elinoloihin aivan eri tavoin kuin miehiset kollegansa. Esimerkiksi arabimaissa miehillä ei ollut mitään asiaa haaremeihin, kun taas naismatkailijat pääsivät vierailemaan ja joskus jopa asumaan niissä. He palasivat kertomaan, millaista haaremielämä todellisuudessa oli.

Myös moniavioisuuteen he löysivät uusia näkökulmia – ja nimenomaan naisten näkökulman. Mary Kingsley tutustui siihen Lambarenessa, Afrikassa. Hänen hämmästyksekseen nimenomaan naiset kannattivat sitä. Koska raskaat kotityöt (joihin kuului myös maanviljelys) olivat naisten harteilla, useat vaimot saattoivat jakaa taakan. Mitä useampi vaimo, sitä vähemmän töitä! Tohtori Schweitzer – joka parikymmentä vuotta myöhemmin perusti samaan paikkaan kuuluisan viidakkosairaalansa – kommentoi tapaa hyvin samassa hengessä kuin Marykin. Isabella Bird tutustui ilmiöön Tiibetissä. Matkakertomuksessaan hän koristeli tekstin lukuisin huutomerkein, mutta tuli lopulta siihen johtopäätökseen että käytännössä oli hyviäkin puolia.

Kun May French Sheldon markkinoi matkaansa Afrikkaan, hän kuvaili *British Association*in maantieteelliselle jaostolle aikomuksenaan olevan "kirjoittaa etnografinen tutkielma, joka keskittyy afrikkalaisiin naisiin, lapsiin, kodin järjestelyihin ja alkukantaisten ihmisten salaperäiseen 'sisäiseen elämään'". Hänen (miehiltä) saamissaan suosituskirjeissä oltiin vaatimattomampia. Tutkimusmatkailija Henry Stanley kirjoitti, että hän on "tunnettu kirjailija, joka haluaa saada paikallisväriä romanttiseen romaaniin Afrikasta". Yhdysvaltain ulkoministeri James G. Blaine puolestaan vakuutti omassaan hänen olevan "kirjailija, joka etsii eksoottista aineistoa romaaniinsa - - historiallisista syistä". *Spectator*-lehti puolestaan kirjoitti, että hänen motiivinsa oli "vain naisellinen uteliaisuus - - mikä tuskin on mitenkään hyödyllinen tai kehuttava syy".

Kotiin palattuaan May kirjoitti matkastaan ensin artikkelin Britannian antropologisen instituutin lehteen ja myöhemmin kokonaisen kirjan *Sultan to Sultan*, joka julkaistiin 1892. Merkittävintä näissä julkaisuissa – ja koko May French Sheldonin työssä – oli, että niissä todellakin tutkittiin ensimmäistä kertaa Afrikan naisten ja lasten oloja. Myöhempi kritiikki on pitänyt niitä uraauurtavina sekä maantieteen että etnografian aloilla, vaikka Maylla ei ollut sen enempää tieteellistä koulutusta kuin akateemista kirjoitustyyliäkään. Runsaine kuvituksineen paikallisista ihmisistä ja varsinkin esineistöstä *Sultan to Sultan* on silti enemmän kansatieteellinen tutkielma kuin varsinainen matkakirja.

Perusongelma olikin useimmiten se, että naiset eivät olleet saaneet kunnollista pohjakoulutusta ja vain harva heistä oli päässyt yliopistoon saakka. He joutuivat opiskelemaan omin päin niistä lähteistä, jotka sattuivat saamaan käsiinsä, ja käytännössä matkoillaan.

Tästä olosuhteiden sanelemasta tilanteesta tuli myös etu – he raivasivat tietä kenttätyön arvostukselle. Heidän mukaansa arkeologisia ja kansa- ja luonnontieteellisiä ilmiöitä ei voinut oppia vain kirjoista, vaan ne oli nähtävä oikeassa ympäristössään. Monet miespuoliset tiedemiehet tekivät työtään neljän seinän sisällä tutkijankammioissa ja kirjastoissa – koska heillä oli pääsy niihin.

Alkuun naiset tyytyivät matkoillaan vain keräämään luonnontieteellisiä näytteitä – Ida Pfeifferille ja Mary Kingsleylle tämä oli myös keino rahoittaa matkojaan. Keräämiseen ei tarvittu akateemista koulutusta, vain tarkkaa silmää ja järjestelmällisyyttä, joita molempia pidettiin naisellisina hyveinä. Vain harvoilla, kuten esimerkiksi Marianne Northilla, oli aito kiinnostus keräämiinsä kasveihin.

Jo 1600-luvun lopulla oli tosin saksalaissyntyinen Maria Sibylla Merian matkustanut tutkimaan kasveja ja perhosia Surinamiin, Etelä-Amerikkaan. Hän oli siinä vaiheessa jo

KUVA 11: Ida Pfeiffer matka-asussaan, kädessään perhoshaavi
(Adolf Dauthagen litografia)

tunnettu kasvimaalari ja oli julkaissut Saksassa uraauurtavia tutkimuksia hyönteisistä. Erottuaan miehestään hän muutti Amsterdamiin ja elätti itsensä ja kaksi tytärtään myymällä maalauksiaan. Vuonna 1699 Amsterdamin kaupunki antoi hänelle matkustusluvan Surinamiin ja Hollannin Länsi-Intian kauppakomppania jopa rahoitti osittain hänen matkansa. Hän matkusti nuoremman tyttärensä kanssa ja kiersi kaksi vuotta ympäri Surinamia piirtäen kuvia paikallisista eläimistä ja kasveista. Matkan jälkeen hän julkaisi teoksen *Metamorphosis insectorum Surinamensium*, joka oli huolellisesti kuvitettu tieteellinen tutkimus surinamilaisista hyönteisistä.

Hänen työnsä löydettiin ja arvioitiin uudelleen 1900-luvun lopulla, jolloin sen arvo todella tunnustettiin – hänen kuvansa päätyi jopa Saksan viimeisiin 500 markan seteleihin ennen euroaikaa.

Kun Mary Kingsley matkusti ensimmäistä kertaa Afrikkaan, kanssamatkustajat laivalla luulivat häntä ensin lähetyssaarnaajaksi. Kun kävi ilmi, ettei hän ollut lainkaan uskonnollinen, seuraava arvaus oli kasvitieteilijä. Tämä oli ainoa muu ammatti, jonka vuoksi he saattoivat kuvitella naimattoman naisen matkustavan.

Mutta Mary oli nimenomaan halunnut jatkaa Afrikassa isänsä kesken jäänyttä antropologista työtä – hänhän oli toiminut isän viimeiset elinvuodet tämän tutkimusassistenttina. Silti hän ennen lähtöään hankki tarvikkeita kerätäkseen *British Museum*ille kaloja ja sammakoita. Itse hän kuvaili matkansa tarkoitusta sanoilla *"fish and fetish"* (kaloja ja fetissejä) – ja loppujen lopuksi nimenomaan fetisseistä tuli avainsana hänen matkojensa annissa.

Kun hän nousi rahtilaiva Lagosiin Liverpoolin satamassa elokuussa 1893, hänellä oli mukanaan vain 300 puntaa, musta kangassäkki, nahkainen matkalaukku ja joitakin laatikoita näytteiden keräämistä varten. Hän ei osannut sen enempää paikallisia kieliä kuin ranskaakaan, ja ainoana apunaan hänellä oli vasta ilmestynyt pieni kirjanen *French book of phrases in common use in Dahomey.* Kirjan ensimmäinen lause oli "Apua, minä hukun". Maryllä oli onneksi loistava kielipää, ja perillä hän oppi nopeasti tarpeellisia ilmaisuja keskustellakseen ihmisten kanssa suoraan ilman tulkkeja.

Myrskyisän laivamatkan jälkeen hän nousi maihin Freetownissa, Sierra Leonessa. Laivan kapteeni oli purjehtinut tällä reitillä yli 30 vuotta, ja oli matkan aikana antanut Marylle sekä arvokasta tietoa määränpäästä että myös korjannut monia hänen vääriä ennakkokäsityksiään. Hyödyllisiä neuvoja hän oli saanut myös muilta matkustajilta, jotka olivat kauppaedustajia ja alempia siirtomaahallinnon virkamiehiä.

Matkakuvauksessa (jonka hän kirjoitti vasta toisen matkansa jälkeen) ei ole paljon yksityiskohtia reitistä. Hän jatkoi kuitenkin eteenpäin Calabariin brittiläisessä Öljyjokien protektoraatissa, ja sieltä rannikkoa pitkin aina Portugalin Angolan pääkaupunkiin Luandaan saakka. Siellä

135

hän kääntyi takaisin pohjoiseen ja aloitti varsinaisen "työnsä".

Perillä hän hankki mukaansa puuvillakankaita, tupakkaa, lasihelmiä ja rommia elättääkseen itsensä kaupanteolla. Saksalaiset kansatieteilijät olivat havainneet tämän hyväksi keinoksi päästä tekemisiin alkuperäisväestön kanssa – sitä paitsi se oli ammatti, jota nimenomaan naiset perinteisesti harjoittivat Länsi-Afrikassa. Nämä tarvikkeet hän vaihtoi jokivarsien kylissä norsunluuhun, palmuöljyyn ja kumiin, ja möi ne sitten edelleen englantilaisille laivoille.

Alkuun hän palkkasi kantajia ja matkusti eurooppalaisten senaikaiseen tapaan riippumatossa, mutta pian hän jo kulki jalan ja meloi itse puunrungosta koverrettua kanoottia. Hän nukkui alkuasukasmajoissa ja söi heidän perinteisiä ruokiaan.

Toisella matkallaan hänet kutsuttiin vanhassa Calabarissa kuvernööripariskunnan vieraaksi. Heidän kanssaan hän teki myös matkan Fernando Pon saarelle, joka oli espanjalaisten hallinnassa. Hän ei kuitenkaan varsinaisesti viihtynyt eurooppalaisten seurassa. Nigeriassa hän vieraili myös lähetyssaarnaaja Mary Slessorin luona, jolta sai paljon arvokasta antropologista tietoa.

Hän vietti Nigerian öljyjoilla Calabarin seudulla kaikkiaan neljä kuukautta. Sen jälkeen hän jatkoi etelään päin. Librevillen ympäristössä hän vietti pari viikkoa. Kesäkuun alussa hän jatkoi sieltä pienellä höyrylaivalla rannikkoa pitkin Ogowe-joen suulle, ja sieltä edelleen ylös jokea. Hän pysähtyi Kanagwessa ja Lambarenessa. Näissä

KUVA 12: Mary Kingsleyn muotokuva
(Teoksesta West African Studies. Wellcome collection)

paikoissa hän keräsi kaloja *British Museum*ille ja retkeili lähialueiden kylissä. Hän tutustui myös paikallisten heimojen uskonnollisiin riitteihin.

Kaikki vakuuttelivat Marylle, että eteenpäin oli mahdotonta jatkaa. Lopulta hänen onnistui kuitenkin hankkia kanootti ja kahdeksan igelwa-heimon miestä sen miehistöksi. Hän kulki läpi täysin tutkimattomien seutujen ja matka ei todellakaan ollut helppo. Puolet siitä oli koskia ja vesiputouksia, joiden ohi valtava puunrungosta koverrettu kanootti piti vetää tai jopa kantaa. Joessa oli vaarallisia krokotiilejä ja virtahepoja. Kaiken kukkuraksi ukkossateet kastelivat heidät tavan takaa läpimäriksi. Osassa alueen kylistä oli myös vihamielisiä ihmissyöjiä, joten oli oltava tarkka siitä, missä saattoi rantautua ja yöpyä.

Hän sai kuitenkin kerättyä runsaasti näytteitä ennen tuntemattomista kasveista ja eliöistä. Hän näki täällä ensimmäistä kertaa myös gorillan, joita moni eurooppalainen ei vielä silloin ollut kohdannut – hän kuvaili eläintä hirveimmäksi, jonka oli koskaan nähnyt.

Lambarenesta Mary halusi jatkaa maitse viidakon halki Rembwe-joelle Gaboniin ja sitten sitä pitkin takaisin Librevilleen. Ongelmana reitillä oli, että jokaisella heimolla oli paikoille omat nimensä. Englantilaisissa kartoissa monilla paikoilla taas oli sama nimi (oikeastaan se tarkoitti paikallisella kielellä "en tiedä", mutta kartan laatija ei sitä ollut ymmärtänyt). Pitkien neuvottelujen jälkeen hän onnistui saamaan oppaikseen neljä ajumba-heimoon kuuluvaa miestä, jotka tunsivat alueen kylät. Hän palkkasi vielä yhden igalwan tulkiksi.

Matka kulki kirjaimellisesti halki tiettömien taipaleiden, edes polkuja ei kaikkialla ollut. Lisäksi monin paikoin maasto oli soista ja todella kosteaa. Vaarallisten villieläinten kuten elefanttien, leopardien ja gorillojen lisäksi vaivana olivat iilimadot ja muut kiusalliset pikkueläimet.

Lopulta he pääsivät perille Agonjoon, jossa sijaitsevan Hattonin kauppahuoneen pitäjä, Mr. Glass, ei ollut ensin uskoa englantilaisen naishenkilön todella tulleen sinne maitse. Oppaat lähtivät Agonjosta saman tien paluumatkalle, mutta Mary jäi Glassin pariskunnan luo joksikin aikaa, koska alavirtaan ei ollut säännöllisiä laivayhteyksiä.

Hän käytti ajan hyväkseen tutustumalla norsunluukauppaan. Kävi ilmi, että kallisarvoista norsunluuta hankittiin kahdella tavalla: joko metsästämällä norsuja tai sitten tappamalla joku, jolla jo oli sitä.

Lopulta Agonjoon saapui kapteeni Johnson – oikealta nimeltään Obanjo – uudella kauppakanootillaan. Kapteeni oli pukeutunut valtavaan sombreroon ja tyköistuvaan pukuun. Kanootti oli koverrettu jättimäisestä trooppisesta puunrungosta, siinä oli pieni (keskentekoinen) bambukajuutta ja purje, joka oli tehty vanhasta sängynpeitosta. Matka tällä originellilla kulkuneuvolla oli sekin vaiherikas. Obanjo piti rommista ja nukkui usein pois krapulaansa. Pian vakiintui työnjako: Obanjo ohjasi kanoottia päivisin ja Mary öisin. Näin päästiin lopulta Librevilleen.

Sieltä Mary matkusti Coriscon saarelle keräämään lisää kaloja. Hän kalasti laguunissa paikallisten naisten kanssa, mutta saalis oli pettymys. Kalat olivat kaikki tuiki tavallisia lajeja.

Ennen kotiinpaluutaan hän vietti vielä jonkin aikaa Kamerunissa tutustuen saksalaisten siirtomaahallintoon (ja vertaillen sitä brittiläiseen, espanjalaiseen ja portugalilaiseen).

Mary Kingsley suunnitteli juuri kolmatta matkaa Afrikan länsirannikolle, kun buurisota puhkesi. Tämä muutti hänen suunnitelmiaan ja hän matkustikin rintamalle hoitamaan haavoittuneita. Kenttäsairaalassa hän sai kuumetartunnan, joka koitui hänen kohtalokseen. Hän kuoli Simonstownissa Etelä-Afrikassa kesäkuussa 1900, ja hänet haudattiin mereen.

Vaikka hän ei ollut saanut muodollista tieteellistä koulutusta, hänen julkaisemansa teokset saivat niin paljon arvostusta, että lopulta jopa Britannian hallitus konsultoi häntä Afrikan kulttuureista. Myös antropologit kaikkialla maailmassa ylistivät myöhemmin hänen kykyään eläytyä afrikkalaiseen sieluun.

≈

Marianne North, joka matkusteli parikymmentä vuotta eri puolilla maailmaa maalaten kuvia eksoottisista kasveista, ei ollut hänkään koulutettu kasvitieteilijä. Hän oli opiskellut vain maalausta. Matkoillaan häntä houkutteli kuitenkin nimenomaan kaukaisten maiden luonto ja peräti neljä ennen tuntematonta kasvilajia on nimetty hänen mukaansa.

Matkustellessaan nuorempana Euroopassa ja Lähi-idässä – sekä perheen kanssa että yksin – hän oli maalannut näkemäänsä luontoa. Hänen suurin haaveensa oli kuitenkin päästä maalaamaan trooppisia kasveja.

Kun ystävätär kutsui hänet mukaansa viettämään kesää Yhdysvaltoihin, hän näki tässä ensimmäisen etapin kohti eksoottisempia maisemia. Yhdessä he asettuivat lähelle Bostonia, mistä käsin he retkeilivät ympäri Uutta Englantia ja myös Kanadan puolelle ja Niagaran putouksille. Ystävättären palattua Englantiin Marianne jatkoi vielä yksin kiertelyä Yhdysvaltojen itäosissa.

Joulukuussa hän viimein pääsi lähtemään kohti todella eksoottisempia maita, kun hän nousi New Yorkissa Jamaikalle lähtevään laivaan. Hän saapui perille jouluaattona 1871 ja kuvaa itse saapumistaan:

Astuin maihin aivan yksin ja vailla ystäviä, mutta pääsin heti hyviin käsiin. Nuori kuubalainen insinööri ilmestyi kuusta tai jostakin, metsästi matkatavarani, maksoi vaununi ja kantajani (minulla oli vain Amerikan rahaa), ja saattoi minut turvallisesti majataloon.
Hyväntahtoinen ruskea emäntä, jolla ei ollut muita vapaita huoneita, antoi minulle omansa. [28]

Pian hän löysi itselleen talon ylempää vuoren rinteeltä, keskeltä rehevää kasvustoa. Siinä oli kaikkiaan 20 huonetta, mutta vuokra oli vain 4 puntaa kuukaudessa. Huoneista hän käytti yhtä makuuhuoneena, toista

---

28 North: Recollections of a happy life I, s. 80-81 (käännös kirjoittajan)

varastona, kolmatta maalaustensa säilyttämiseen ja lopun aikaa hän vietti verannalla. Tästä talostaan käsin hän teki pitkiä kävelyretkiä tutkimaan ympäristön kasvilajeja. Hän kierteli myös saaren muissa osissa yöpyen majataloissa ja sokeriruokoplantaaseilla ennen paluutaan Englantiin seuraavassa toukokuussa.

Kotona hän ei kuitenkaan malttanut viipyä kuin pari kuukautta – koko ajan suunnitellen seuraavaa matkaansa, jonka määränpää oli vielä eksoottisempi Brasilia.

Elokuun alussa vuonna 1872 hän nousi postilaiva Nevaan, joka oli matkalla Lissabonin ja Madeiran kautta Rio de Janeiroon. Siellä hän työskenteli kasvitieteellisessä puutarhassa joka päivä parin viikon ajan kunnes sää muuttui liian pilviseksi. Sen jälkeen hän retkeili ympäristön vuorilla ja saarilla. Kasvien lisäksi hän ihastui alueen värikkäisiin perhosiin.

Riossa hän tapasi englantilaisen konsuli Gordonin tyttärineen, jotka kutsuivat hänet luokseen Morro Velhoon Minas Geraisin provinssiin. Kuten tavallista, häntä varoiteltiin lähtemästä näin pitkän ja vaarallisen matkan päähän. Kun mikään muu ei tuntunut vakuuttavan Mariannea, hänelle väitettiin lopulta "ettei siellä ollut mitään maalattavaa". Sekään ei tepsinyt. Mariannen oli tarkoitus vierailla Gordonien luona pari viikkoa – lopulta hän vietti siellä kahdeksan kuukautta kierrellen myös muualla provinssissa.

Näiden kokemusten jälkeen paluu sateiseen Englantiin oli entistä vaikeampi. Marianne pakeni Teneriffan lämpöön ja palasi Lontooseen vasta kesäsesongin alkaessa. Unelma uusista matkoista oli kuitenkin edelleen mielessä.

Kutsuilla eräiden tuttavien luona Marianne ajautui keskustelemaan hänelle ennestään tuntemattoman pariskunnan kanssa. Kuultuaan Mariannen matkoista he kysyivät, minne hän aikoi matkustaa seuraavaksi. Tässä vaiheessa suunnitelmat eivät vielä olleet kiteytyneet, ja hän vastasi summanmutikassa "Japaniin". Pariskunta ilahtui ja kertoi olevansa juuri lähdössä sinne! Ystävällisesti he toivottivat Mariannen tervetulleeksi matkustamaan kanssaan. Kaikkien ällistykseksi hän suostui saman tien – lähtö oli kahden viikon päästä.

Ylitettyään Atlantin he rantautuivat Quebecissä ja jatkoivat sieltä junalla yli koko mantereen Kaliforniaan. Parin kuukauden kuluttua he lähtivät ylittämään Tyyntämerta. Kolmen viikon merimatkan jälkeen Marianne näki viimein Fuji-vuoren auringon noustessa. Tokiossa hän kierteli katsomassa nähtävyyksiä rikshoilla, joita hän kuvaili "aikuisten lastenrattaiksi" ja kiitteli nopeammiksi kuin Lontoon hevosajurit.

Hän retkeili eri puolilla Japania ja jatkoi sitten Hong Kongin ja Singaporen kautta Borneolle. Siellä hän pääsi matkustamaan syvemmälle viidakkoon jokea pitkin pienellä höyrylautalla sikäläisen kaivosyhtiön skotlantilaisen johtajan mukana. Hän tapasi myös nuoren britin, joka oli alun perin tullut maahan luonnontieteilijänä etsimään "puuttuvaa rengasta", hännällistä ihmistä. Kun tällaista ei löytynyt, mies elätti itseään keräämällä muille luonnontieteellisiä näytteitä. Hän oli myös taitava maalari, ja yhdessä he retkeilivät viidakossa piirtämässä ja maalaamassa.

Borneolta Marianne jatkoi seuraavaksi Jaavalle. Tähän saareen hän todella ihastui ja kuvaili sen olevan upeampi kuin Jamaica, Brasilia ja Borneo yhteensä. Hollantilaisten rakentama tehokas tie- ja majataloverkosto teki matkustamisesta myös hyvin helppoa – hän suosi kuitenkin useimmiten paikallisia kärryjä eikä kalliimpia postivaunuja. Hän matkusti kylästä toiseen ja sai edellisestä yöpymispaikasta aina suosituskirjeen seuraavaan. Kirje saattoi olla osoitettu hollantilaiselle hallintovirkamiehelle, paikalliselle heimopäällikölle tai hotelliin.

Alun perin hän oli suunnitellut jatkavansa vielä Molukeille, mutta kuuma ilmasto oli väsyttänyt hänet niin, että hän lopulta palasi suoraan Singaporeen. Hän lepäsi siellä kolme päivää ja lähti sitten laivalla kohti Ceylonia.

Hän nousi maihin Gallessa ja viipyi siellä runsaan viikon ennen kuin jatkoi pohjoiseen Colomboon. Pääkaupungista hän ei pitänyt, hän kuvaili että sen talot näyttivät siltä kuin ne olisi joko räjäytetty tai kaadettu nurin. Hotellikin ilmoitti olevansa "väliaikainen". Niinpä hän jatkoi melkein saman tien junalla vuoristoon. Hänellä oli suosituskirje saaren entisessä pääkaupungissa Kandyssa asuvalle englantilaiselle tuomarille, jonka luokse hän pääsikin majoittumaan – talo osoittautui olevan aina tupaten täynnä erilaisia matkalaisia (siellä piipahti myös Mariannen sisarenpoika). Tuomari itse lähti pian matkalle Intiaan, ja jätti Mariannen huolehtimaan talostaan.

Kandysta hän lähti viimein Kalutaraan Colombon eteläpuolelle tapaamaan valokuvaaja Margaret Cameronia, joka oli kutsunut hänet luokseen kuultuaan hänen

144

Kuva 13: Marianne North maalaamassa Cameronien talossa
Ceylonilla, 1877. (Valokuva: Margaret Cameron)

saapuneen Ceylonille. He eivät olleet koskaan tavanneet, mutta Marianne ihaili hänen ottamiaan kuvia. Margaret Cameron oli originelli persoona, ja naisista tuli hetkessä parhaat ystävykset. Hän otti myös Mariannesta muotokuvia, joita osataan nykyisin arvostaa, mutta joita siihen aikaan pidettiin hyvin epäsovinnaisina. Marianne esiintyi niissä tukka avoimena ja puettuna liehuviin huiveihin ja kaapuihin, ja hän pelkäsi, ettei saattanut mitenkään näyttää niitä Englannissa.

Palattuaan kotiin Marianne sai lukuisia kutsuja tulla luennoimaan Aasiasta ja näyttämään kuviaan. Ensimmäinen näyttely järjestettiin Kensingtonin museossa, joka ensin oli epäileväinen. Nähtyään kaikki 500 maalausta ja Mariannen niihin kirjoittamat tarkat selostukset, he nopeasti muuttivat mieltään. Näyttelystä tuli menestys.

Tällä kertaa Marianne viipyi kotona puoli vuotta. Marraskuun puolessa välissä 1877 hän astui jälleen maihin Ceylonilla. Ensimmäiseksi hän poikkesi Kalintaraan tapaamaan Cameroneja. Tällä kertaa hän ei kuitenkaan viipynyt kauan, vaan jatkoi pian matkaansa laivalla Intiaan.

Siellä hän juuttui heti alkumatkasta joksikin aikaa Maduraan, koska monsuunisateet olivat rankimmillaan ja joki tulvi – kaikki tiet olivat veden vallassa ja rautatie oli poikki yhdeksästä kohtaa. Lopulta hän pääsi lähtemään kantotuolissa, jota kuljetettiin pitkin rataa, katkenneissa kohdissa hän joutui itse kiipeämään toiselle puolelle, missä odotti uusi kantotuoli. Sen jälkeen hän matkusti sisämaassa junilla ja ponivankkureilla. Kuumuus oli tukahduttava ja hän sukkuloi edestakaisin tasangolla sijaitsevien nähtävyyksien ja viileämmän vuoriston väliä.

Myöhemmin Pohjois-Intiassa hän kohtasi jälleen sadekauden ja tulvat, jotka pakottivat hänet usein muuttamaan matkasuunnitelmiaan.

Benaresissa paikallinen maharadža halusi ehdottomasti tavata hänet – mies oli kuullut Kensingtonin näyttelystä! Kotona taas ystävät ja tuttavat odottivat innokkaina uusia kertomuksia ja maalauksia "Kuningattaren jalokivestä". Palattuaan hän vuokrasi heinä-elokuuksi huoneen Conduit Streetiltä näyttelyä varten – vuokra katettiin pääsymaksutuloilla.

Tässä vaiheessa maalauksia oli alkanut kertyä jo niin runsaasti, että niiden säilyttämisestä tuli ongelma – yksin Intiassa hän oli tehnyt niitä yli kaksisataa. *Pall Mall Gazette*ssa ilmestyneessä arvostelussa ehdotettiin, että hän voisi lahjoittaa kasviaiheiset Kewssa sijaitsevalle Kuninkaalliselle kasvitieteelliselle puutarhalle. Kun hän vielä tarjoutui itse rakennuttamaan niille gallerian, oli vastaus toki myönteinen.

Ennen gallerian valmistumista Marianne oli kuitenkin lähtenyt jälleen matkalle, tällä kertaa Charles Darwinin ehdotuksesta Australiaan ja Uuteen Seelantiin. Darwin itse oli halunnut tavata Mariannen, mitä tämä piti suurena kunnianosoituksena. Kuuluisan luonnontieteilijän mielestä Australian kasvisto oli niin ainutlaatuinen, että saadakseen kokonaiskuvan maailman kasvilajeista, se oli kerta kaikkiaan pakko nähdä. Marianne otti tämän neuvon "kuninkaallisena määräyksenä" ja päätti lähteä matkalle saman tien.

Hän rantautui Brisbanessa, josta jatkoi pian syvemmälle sisämaahan matkaten halki Queenslandin ja New South Walesin osavaltioiden.

Hän vieraili pensasmaastossa asuvien viljelijöiden luona, jotka tutustuttivat hänet tähän erikoislaatuiseen luontoon – hyvin konkreettisesti. Kerran hän joutui kiireesti pakkaamaan juuri pystyttämänsä maalaustarvikkeet, kun heidän lounasnuotionsa oli sytyttänyt pensaspalon. Gumbarassa hän näki koko vuoren tulessa. Ihmiset kuitenkin olivat mukavia ja ateriat ylenpalttisia: pihvejä aamiaiseksi, lounaaksi ja päivälliseksi. Marianne ei niistä suuremmin välittänyt, mutta onneksi myös leipää oli paljon ja siitä hän piti.

Hän matkusti yhdessä matkalla tapaamansa toisen naishenkilön kanssa *Cobb and Co.* -yhtiön linjavaunuilla. He olivat ensimmäiset tällä reitillä matkustavat naiset, ja yhtiö teki kaikkensa heidän eteensä sähköttäen aina etukäteen seuraavaan pysähdyspaikkaan varatakseen heille huoneen – ja tarpeeksi pihvejä.

Hän vietti pari kuukautta Camdenissä, lähellä Sydneyä, ja lähti sitten länteen päin ensin junalla ja sitten laivalla Adelaideen. Perillä merenkäynti oli kuitenkin niin kova, että hän luopui aikomuksestaan nousta maihin siellä, Se olisi tapahtunut nojatuolissa, joka laskettiin köysien varassa alas satamaan menevään pienempään laivaan – suurin osa naisista pyörtyi ennen kuin he pääsivät sen kannelle. Marianne jatkoi matkaa Albanyyn Länsi-Australiaan, jossa meri oli rauhallisempi. Sieltä hän jatkoi Perthiin kuvernöörin järjestämillä vaunuilla – hän sai myös käyttää poliisihevosia ilmaiseksi koko Länsi-Australiassa olonsa ajan.

Australiasta Marianne jatkoi edelleen laivalla Uuteen-Seelantiin. Hän retkeili jonkin aikaa sekä Etelä- että Pohjoissaarella, mutta oli liian kylmä maalata ja hänen reumatisminsa paheni. Ystävällisestä vastaanotosta huolimatta hänen olonsa oli kurja ja hän alkoi vihata koko maata sen luonnon kauneudesta huolimatta. Niin hän nousi maaliskuun lopulla laivaan, joka oli matkalla Havaijin kautta San Franciscoon. Sieltä hän osti lipun koko matkalle New Yorkiin – se oli voimassa 20 vuotta, joten hänellä ei ollut kiire tehdä matkaa yhtä soittoa. New Yorkissa hän majoittui vanhan ystävänsä luo, ja jo siellä kaikki olivat kiinnostuneita näkemään hänen tekemiään maalauksia Australiasta.

Kotiin päästyään hän ensimmäiseksi riensi Kew Gardensiin katsomaan, miten gallerian rakentaminen edistyi. Rakennus oli juuri sellainen kuin hän oli halunnutkin, ja seuraavan vuoden hän vietti järjestellen ja kehystäen maalauksiaan.

Marianne Northin galleria Kew Gardensissa avattiin yleisölle 7. kesäkuuta 1882.

Tarkastellessaan näytteille pantuja töitään, Marianne havaitsi, että niissä olivat edustettuina kaikki muut mantereet paitsi Afrikka. Heti avajaisten jälkeen hän päätti korjata tämän puutteen.

Elokuussa 1882 hän lähti laivalla kohti Kapkaupunkia ja saapui sinne ennätysajassa – matka oli kestänyt vain 18 päivää. Hän majoittui Wynbergiin kymmenisen kilometrin päähän Kapkaupungista. Hän viihtyi hyvin rauhallisessa ympäristössä, ja itse asiassa kävi Kapkaupungissa vain kolmesti koko Etelä-Afrikassa viettämänään aikana. Kaikki keräsivät innolla hänelle kasveja maalattavaksi ja hänellä oli todellisia vaikeuksia pysyä vauhdissa ennen kuin ne kuihtuivat.

Sieltä hän jatkoi junalla itään päin. Rankkasateiden jälkeen maisemat matkan varrella olivat erityisen reheviä. Perillä kuitenkin ne kukat, joita hän nimenomaisesti oli tullut maalaamaan, osoittautuivat pettymykseksi. Silti hän viipyi viehättävässä Tulbaghin pikkukaupungissa kaksi viikkoa. Häntä varoitettiin retkeilemästä yksin lähiympäristössä "mustien miesten" vuoksi – myöhemmin kävi ilmi, ettei kyse ollut rasismista, vaan nimitys tarkoitti paviaaneja.

Junalla ja hevosvaunuilla hän jatkoi sisämaan halki edelleen itään aina St. John'siin saakka. Hänen päästyään perille alkoivat jälleen rankkasateet, eikä St. John'sissa ollut paljon mitään. Sateiden jatkuessa todettiin, että oli mahdotonta jatkaa enää pitemmälle maitse, joten Mariannen oli lähdettävä laivalla. Laivoja ei kuitenkaan kuulunut. Lopulta hän pääsi lähtemään huhtikuun alussa höyrylaiva Lady Woodilla, joka ei tavallisesti poikennut tässä satamassa. Marianne sai kapteenin hytin – jonka hän tosin joutui jakamaan kapteenin koiran kanssa. Seuraavana aamuna hän saapui perille Durbaniin.

Hän olisi halunnut jatkaa sieltä matkaa joko Sansibariin tai Mauritiukselle, mutta laivoja ei ollut lähdössä kumpaankaan ainakaan kuuteen viikkoon. Marianne oli myös huonossa kunnossa, ja niin hän päätti palata kotimaahan lepäämään.

Hän viipyi Euroopassa vain kolmisen kuukautta, ja siitäkin osan sisarensa luona Davosissa.

Syyskuun lopulla hän nousi jälleen laivaan. Tällä kertaa määränpäänä olivat Seychellit. Kolme viikkoa myöhemmin hän astui maihin Mahéssa aamunkoitteessa. Saari oli niin pieni, että hän käveli matalan solan kautta sen toiselle puolelle heti samana päivänä. Hän retkeili myös pienemmille saarille ja vuokrasi lopulta itselleen pienen mökin vuorelta Mahén yläpuolelta.

Kotiinpaluu viivästyi kuitenkin alueella puhjenneen isorokkoepidemian takia. Kaikki matkalaiset joutuvat karanteeniin ennen kuin pääsivät lähtemään. Kymmenen päivää siitä sujui rauhallisesti, mutta sen jälkeen Marianne sai hermoromahduksen ja pelkäsi joutuvansa ryöstetyksi ja murhatuksi. Tätä kauhua kesti vielä koko matkan ja se helpotti vasta kotona Englannissa.

Paniikkikohtaukset uusiutuivat ajoittain koko hänen loppuelämänsä, mutta yhdelle matkalle hän silti vielä uskaltautui.

Vuonna 1884 hän lähti Chileen etsimään erästä harvinaista vuoristossa kasvavaa puulajia. Matka Valparaisoon oli rankka ja laiva joutui pysähtymään karanteeniin useaan kertaan. Mariannen hermot alkoivat uudelleen reistailla.

Chilessä hän matkasi ratsain ja jalkapatikassa vuorille aina pilvien yläpuolelle saakka. Upeat kasvit ja perhoset palkitsivat vaivan ja hän viipyi kaksi viikkoa Apoquidossa niitä maalaten. Löytääkseen puut, joita oli tullut etsimään, hän joutui matkustamaan vielä kaksi vuorokautta junalla halki ylätasangon Angoliin. Samoin kuin Australiassa ja Afrikassa, myös Chilessä Marianne sai hallitukselta vapaalipun kaikkiin juniin, ja niillä hän matkusteli Santiagosta eri puolille maata – hän sai yleensä myös kokonaisen vaunun käyttöönsä.

Joulun jälkeen hän lähti laivalla Limaan, jossa viipyi viikon. Siellä hän kävi vanhan saksalaisen lääkärin luona hakemassa apua toistuviin vaivoihinsa, mutta sai hoidoksi vain "iänikuista bromidia" ja kehotuksen levätä ja välttää seikkailuja. Panamasta hänellä oli alun perin tarkoitus jatkaa vielä Meksikoon, mutta sinne päästyään hän tunsi olonsa niin huonoksi, että varasi sen sijaan lipun suoraan kotiin.

Häneltä meni vielä vuosi lajitella ja järjestää uudelleen maalauksensa Kewssa. Marianne Northin Gallerian kokoelmat käsittivät lopulta kaikkiaan 832 maalausta. Sen jälkeen hän vetäytyi synnyinseudulleen Gloucestershireen, taloon, jonka puutarha oli täynnä eksoottisia kasveja maailman kaikilta kolkilta. Hän kuoli siellä vuonna 1890.

Kaksi vuotta hänen kuolemansa jälkeen hänen sisarensa ryhtyi toimittamaan hänen matkakuvauksiaan julkaistavaksi.

∽

Lähi-idässä matkailevia kiinnosti Raamatun paikkojen lisäksi muinainen historia ja matkailijat kävivät tutustumassa sekä raunioihin että arkeologisiin kaivauksiin. Näin myös kirjailija Agatha Christie, joka kävi tällaisella matkalla Irakissa kahdesti, ja löysi sieltä jopa uuden aviomiehen, arkeologi Max Mallowanin. Hän vietti myöhemmin koko talven 1934 tämän luona kaivauksilla. (Hän vei myös sankarinsa Hercule Poirot'n matkalle tutustumaan niihin kirjassa Murha Mesopotamiassa.)

Ensimmäinen nainen, joka suoritti itse kaivauksia Lähi-idässä, oli Lady Hester Stanhope jo 1800-luvun alussa. Hänen motiivinsa eivät tosin vielä olleet kovin tieteelliset. Hän oli saanut käsiinsä keskiaikaisen italialaisen käsikirjoituksen, joka oli kopioitu syyrialaisen luostarin kokoelmista. Sen mukaan Ashkelonissa sijaitsevien moskeijan raunioiden alle oli kätketty valtava aarre. Ladyn onnistui saada ottomaanien hallinnolta lupa kaivauksille – tämä oli ensimmäinen arkeologinen kaivaus Palestiinan alueella. Hän ei löytänyt etsimäänsä kolmea miljoonaa kultakolikkoa, mutta sen sijaan lähes kaksimetrisen päättömän marmoriveistoksen. Tämän hän kuitenkin määräsi tuhottavaksi, koska hän oli saanut luvan viedä maasta vain kultaa, ei marmoriveistosta!

Tämä oli silti alkusysäys sekä alueen arkeologiselle tutkimukselle että turismille.

Siirtomaahallinto toi myös monia näihin maihin. Kaksi englantilaista naista, Gertrude Bell ja Freya Stark, yhdisti lopulta elämässään nämä molemmat. Kuuluisampi heistä oli Gertrude Bell, joka tunnetaan "naisena, joka piirsi Churchillille rajat hiekkaan" – kyse oli Irakin valtion perustamisesta.

෴

Gertrude Bell oli saanut naiseksi poikkeuksellisen hyvän koulusivistyksen, ensin Queen's Collegessa Lontoossa ja sen jälkeen Oxfordin yliopistossa. Siihen aikaan Oxfordissa oli jo kaksi collegea naisille, mutta heidän opintoihinsa ei silti suhtauduttu yhtä vakavasti kuin miesten – tutkinnon suorittamisesta huolimatta heille ei myönnetty virallista oppiarvoa. Gertruden pääaineena oli nykyajan historia, sen lisäksi hän opiskeli persian ja arabian kieliä. Hän oli ensimmäinen nainen, joka valmistui Oxfordin Lady Margaret Hallista erinomaisin arvosanoin – hän suoritti viidessä lukukaudessa tutkinnon, johon yleensä kului yhdeksän.

Hän oli alkuun matkustellut vain vierailuille siirtomaissa työskentelevien sukulaistensa luo, mutta alkanut vähitellen vaeltaa yhä syvemmälle tiettömiin autiomaihin. Hänen kiinnostuksensa kiteytyivät lopulta kahden asian ympärille: historian ja Lähi-idän. Nämä molemmat yhdistyivät arkeologiassa.

Vuonna 1900 hän vieraili saksalaisten tuttaviensa luona Jerusalemissa – he olivat tutustuneet aikanaan Teheranissa. Sieltä käsin hän teki ratsain pitkiä retkiä autiomaahan vain paikallisia miehiä oppainaan ja pari turkkilaista sotilasta turvamiehinään. Hän käytti tilaisuutta hyväkseen harjoitellakseen arabian taitoaan, ja vähitellen retket ulottuivat yhä kauemmas, ensin Petraan, sitten druusialueille ja lopulta Palmyran rauniokaupunkiin Syyriassa. Silloinen turkkilaishallinto suhtautui britteihin erittäin epäluuloisesti ja yksinäinen naishenkilö oli vielä enemmän omiaan herättämään epäilyjä. Gertrude kuitenkin teeskenteli olevansa saksalainen (hän puhui myös sujuvaa saksaa) ja onnistui liikkumaan alueella suhteellisen vapaasti.

Tämä ensimmäinen matka Jerusalemiin ja sieltä aavikolle teki Gertrudeen suuren vaikutuksen. Arkeologiaan hän oli puolestaan tutustunut ensimmäisen kerran Kreikassa, jossa oli perheen kanssa lomaillessaan käynyt vierailulla ystävättärensä veljen tohtori David Hogarthin suorittamilla kaivauksilla Meloksessa. Seuraavien 12 vuoden aikana hän teki kaikkiaan kuusi pitkää matkaa Syyrian, Turkin ja Mesopotamian alueille, jotka silloin vielä kuuluivat ottomaanien valtakuntaan. Hän matkasi ratsain yhteensä yli 30 000 kilometriä.

Hän kirjoitti matkoilta viisi kirjaa, joista Syyriasta kirjoitettu kuvaus *The desert and the sown* on edelleen yksi matkakirjallisuuden klassikoista.

Hän tutustui pääasiassa arkeologisiin nähtävyyksiin kartoittamattomilla alueilla, mutta paneutui samalla myös alueen tapoihin, historiaan ja paikallispolitiikkaan. Arabian kielen taito oli tässä suurena apuna, sen avulla hän pystyi keskustelemaan ihmisten kanssa ilman tulkkeja.

Vuonna 1905 hän tapasi Turkin Konyassa kuuluisan arkeologin Sir William Ramsayn, jonka kirjoja oli lukenut jo kotona Englannissa. Hän halusi esitellä tutkijalle läheisestä Binbirkilisestä löytämiään kaiverruksia, jotka todellakin osoittautuivat arvokkaiksi. He päättivät palata tutkimaan niitä tarkemmin yhdessä, minkä tekivätkin kaksi vuotta myöhemmin. Sir William piti Gertrudea amatöörinä, mutta hänen varallisuutensa oli houkutteleva kannustin – kaivauksien järjestäminen ei ollut halpaa.

155

Gertrude tiesi olevansa amatööri ja työskenteli sitäkin ahkerammin. Hän osasi myös arvostaa Ramsaylta saamaansa oppia, vaikka mies muuten olikin hankala työkumppani. Lopulta he julkaisivat yhdessä kirjan alueen ainutlaatuisista kirkoista, ja Gertrude alkoi saada arvostusta arkeologipiireissä.

Kotiin palattuaan hän opiskeli innokkaasti paitsi arkeologiaa, myös maanmittausta, kartografiaa ja valokuvausta matkojaan varten. Hänen jälkeen jääneessä arkistossaan on lähes 7000 valokuvaa alueelta. [29]

Löydettyään sassanidien linnan rauniot Ukhaidiristä hän kirjoitti niistä useita artikkeleita ja lopulta kirjan *Amurath to Amurath*, joka ilmestyi vuonna 1914 – tällä välin oli kuitenkin ryhmä saksalaisia arkeologeja ehtinyt jo julkaista oman tutkimuksensa samoista raunioista ja Gertruden sinänsä ansiokas julkaisu jäi sen varjoon.

Vuonna 1911 hän tapasi Carchemishin kaivauksilla nuoren miehen, joka teki häneen suuren vaikutuksen ja josta myöhemmin tuli elinikäinen ystävä. Hän kirjoitti kotiin "Mielenkiintoinen poika, hänestä tulee vielä matkailija". Tämä "poika" oli T.S. Lawrence, joka nykyisin tunnetaan paremmin legendaarisena Arabian Lawrencena.

Marraskuussa 1913 Gertrude lähti pisimmälle matkalleen, joka suuntautui Arabian niemimaan sisäosiin. Hän oli suunnitellut tätä matkaa pitkään, mutta aina siirtänyt sitä. Nyt hän yritti toipua myrskyisästä rakkaussuhteesta naimisissa olevan upseerin Dick

---

29 Gertrude Bellin arkisto on verkossa vapaasti käytettävissä Newcastlen yliopiston kirjaston ylläpitämässä palvelussa osoitteessa: http://gertrudebell.ncl.ac.uk/

KUVA 14: Gertrude Bell Babylonin kaivauksilla Irakissa 1909.
(Kuvaaja tuntematon)

Doughty-Wylien kanssa, eikä tuntunut enää välittävän mistään vaaroista.

Siihen aikaan vallasta Arabiassa taistelivat Saudin ja Rashidin heimot – britit tukivat edellistä ja ottomaanit jälkimmäistä. Tästä huolimatta Gertruden ensimmäisenä määränpäänä oli Hayil, joka oli Rashidien pääkaupunki. Lupaa tähän matkaan hän ei saanut kummaltakaan hallinnolta.

Hän matkusti Englannista laivalla Beirutiin ja sieltä junalla Damaskokseen, jossa alkoi varustaa karavaaniaan. Siihen kuului lopulta 17 kamelia, jotka kuljettivat paitsi hänen runsaita omia matkatavaroitaan myös arvokkaita lahjoja paikallisille sheikeille, joiden alueiden halki he tulisivat matkustamaan. Karavaanin mukana seurasi myös *rafiq*, joka palkattiin kulloisestakin heimosta oppaaksi varmistamaan, ettei hänen heimonsa hyökännyt karavaanin kimppuun. Tästä huolimatta heidän kimppuunsa hyökättiin heti alkumatkasta. Sillä kertaa heidät pelasti *rafiq*in sijasta nuori kamelinajaja, jolla oli suhteita kyseiseen heimoon.

Seuraava pysäytys tuli Zizassa, jossa turkkilaiset sotilaat saivat heidät kiinni ja halusivat nähdä kulkuluvat – joita siis ei ollut. He vaativat, että Gertruden oli sähkötettävä molemmille hallituksille ja saatava luvat ennen kuin he pääsisivät jatkamaan matkaa. Britannian konsulilta tuli pian vastaus, joka odotetusti oli kielteinen. Gertrude ei enää halunnut jäädä odottamaan sähkettä Konstantinopolista, koska arvasi sen olevan samansisältöinen. Hän kertoi kapteenille olevansa menossa vain läheisille raunioille ja antoi tälle vielä kirjeen, jossa vapautti viranomaiset kaikesta vastuusta.

Lopulta karavaani pääsi lähtemään eteenpäin tammikuun puolivälissä 1914, mutta siinä vaiheessa matkaan oli kulunut jo 54 päivää ja taivalta oli taitettu vasta viidesosa.

He jatkoivat asumattoman aavikon halki, jossa ei ollut mitään maamerkkejä. Gertrude luki karttaa ja kompassia ja viittoi suuntaa. Vasta kahden viikon kuluttua he kohtasivat ensimmäisen leirin, jonka asukkaat onneksi olivat ystävällismielisiä. He viipyivät siellä viikon päivät ja Gertrude tutustui ensimmäistä kertaa haaremin elämään – toisin kuin useita muita muslimimaissa matkustelleita naisia, häntä ei naisten asema ollut aiemmin kiinnostanut. Täällä hän kuitenkin otti valokuvia naisista ja vaikuttui heidän tarinoistaan, joita merkitsi muistiin.

Helmikuun alussa he lähtivät jälleen eteenpäin ja saapuivat runsaan viikon kuluttua Nefudin hiekkaerämaan laidalle. Heiltä meni 11 päivää sen ylittämiseen. Aurinko oli polttavan kuuma päivällä, yöt puolestaan olivat jäätävän kylmiä. Hiekka oli niin upottavaa, että matkavauhti ei ollut kahtakaan kilometriä tunnissa. Viiden päivän kuluttua iski vielä ukkosmyrsky, joka kasteli kaiken läpimäräksi. Kun he lopulta toisella puolella pääsivät kiinteämmälle maaperälle, oli sekin autiota ja karua – opas kutsui sitä nimellä "Helvetin portit".

Aamulla 25. helmikuuta he viimein näkivät edessään Hayilin valkoisen kaupungin.

Vastaanotto kaupungissa vaikutti ensin lämpimältä. Gertrude majoitettiin kuninkaallisen perheen palatsiin ja häntä palvelemaan annettiin kaksi naispuolista orjaa. Pian häntä saapui tervehtimään ensin sulttaanin lempivaimo ja sitten varahallisija Ibrahim – itse emiiri oli aavikolla taistelemassa naapuriheimoa vastaan.

Pian kuitenkin kävi ilmi, että hän oli joutunut jollei suorastaan vangiksi niin ainakin kotiarestiin. Muslimioppineet eivät pitäneet siitä, että kaupunkiin oli saapunut eurooppalainen nainen yksinään, eikä hänen sallittu liikkua kaupungilla. Hän vieraili Ibrahimin luona pari kertaa, mutta aina vasta pimeän jälkeen ja pikaisesti. Hänen sallittiin vierailla vapaasti vain haaremissa. Myöskään rahoista, jotka hän silloisen tavan mukaan oli tallettanut heimon edustajalle Damaskoksessa voidakseen nostaa vastaavan summan Hayilissa, ei "kukaan ollut kuullut mitään".

Kävi ilmi, että hän oli saapunut kaupunkiin mitä epäsopivimpaan aikaan. Emiiri ei taistellut vain naapuriheimoa vastaan, vaan myös heimon sisällä oli meneillään valtataistelu, jossa emiirin ja Ibrahmin sukuhaarat olivat vastakkain.

Gertrude möi suurimman osan kameleistaan saadakseen edes jotain rahaa ja oli suunnittelemassa pakoa vartijoiltaan, kun yllättäen Ibrahimin lähetti ilmaantui hänen ovelleen kultasäkin kanssa ja kertoi, että hän oli vapaa lähtemään. Koskaan ei käynyt selville, oliko Ibrahim oma-aloitteisesti heltynyt vai oliko asiaan kenties puuttunut päävaimo Muti, jonka kanssa Gertrude oli ystävystynyt haaremissa. Vankeus oli kestänyt 11 päivää.

Vielä lähtiessä Gertrudea neuvottiin kulkemaan läntistä reittiä, joka olisi turvallisempi. Hän oli kuitenkin jo epäluuloinen, koska emiiri oli juuri sillä suunnalla.

He eivät törmänneet emiirin joukkoihin, mutta kahden päivän päästä hän sai kutsun emiirin luokse, joka oli "juuri voittanut naapuriheimon ja vallannut Jofin kaupungin". Gertrude ei noudattanut kutsua ja sai myöhemmin kuulla, että päätös oli ollut oikea – emiiri oli nimenomaan hävinnyt taistelun Jofista, joten hänen tarkoitusperiään oli syytäkin epäillä.

Näillä kokemuksilla Rashidin heimosta oli kauaskantoiset seuraukset, koska Gertrude tämän jälkeen kannatti varauksetta Saudeja, vaikka ei ollut koskaan edes tavannut Ibn Saudia – Riadiin, joka oli Saudien pääkaupunki, hän ei enää uskaltanut jatkaa, koska tilanne alueella oli liian levoton. (Kapteeni W.H. Shakespear, joka oli lähtenyt kohti Riadia samoihin aikoihin kuin Gertrude, joutui myöhemmin keskelle näitä taisteluja ja sai surmansa.)

Jäljelle jääneiden kameliensa ja miestensä kanssa Gertrude suuntasi halki aavikon takaisin kohti Bagdadia, ja yritti suoriutua taipaleesta mahdollisimman nopeasti.

Bagdadiin hän saapui lopulta kuolemanväsyneenä, vaikka oli taittanut matkan viimeisen osuuden postivaunuilla. Siellä hän sai levätä ja nauttia mukavuuksista vanhojen tuttavien luona – Bagdad oli hänen lempikaupunkinsa Lähi-idässä.

Hän lähetti suurimman osan tavaroistaan kotiin Bagdadista ja jatkoi viimeiset 600 kilometriä Damaskokseen kevyellä varustuksella.

Lepopäivistä huolimatta viimeinen taival uuvutti hänet lopullisesti, ja hän kirjoitti päiväkirjaansa:

- - mietin pitäisikö minun itkeä pelkästä väsymyksestä, ja mitä he ajattelisivat jos valuttaisin kyyneleitä kahvinuotioon! Maineeni matkalaisena ei koskaan kestäisi tällaisia paljastuksia! [30]

Perillä Damaskoksessa hän oli toukokuun alussa 1914. Siellä hän sai kuulla, että Ibrahim oli teloitettu Hayilissa. Hän ei koskaan saanut tietää, johtuiko se siitä, että mies oli päästänyt hänet lähtemään kaupungista, vai liittyikö se vain sukuhaarojen väliseen valtataisteluun.

Hänen palattuaan kotimaahan vasta puhjennut maailmansota toi politiikan etusijalle kaikkien elämässä.

Gertrude lähti Punaisen Ristin vapaaehtoisena Boulogneen, Ranskaan jäljittämään haavoittuneita ja kadonneita brittiläisiä sotilaita. Yllätyksekseen hän huomasi pitävänsä toimistotyöstä ja loi järjestelmän, joka oli niin tehokas, että hänet lähetettiin perustamaan vielä uusi toimisto Roueniin ja lopulta hänet kutsuttiin Lontooseen johtamaan uutta keskusvirastoa.

Eräänä päivänä hän sai kirjeen vanhalta tuttavaltaan arkeologi David Hogarthilta, joka toimi Britannian tiedustelupalvelussa Kairossa. Tämä johti yhdessä Sir Gilbert Claytonin kanssa niin kutsuttua Arabitoimistoa, jonne nyt kutsui Gertruden. Hänen asiantuntemuksensa ja

---

30 Howell: Daughter of the desert, s. 237 (käännös kirjoittajan)

hyvät suhteensa Lähi-idän eri sheikkeihin olisivat tulenarassa poliittisessa tilanteessa kullan arvoisia. Gertrude oli jo aiemmin raportoinut Lähi-idän tilanteesta sekä epävirallisesti henkilökohtaisissa kirjeissään *The Times*in toimittaja Valentin Chirolille että puolivirallisesti tuntemilleen valtiomiehille ja diplomaateille. Hänen seikkailustaan halki levottoman Arabian niemimaan oli kulunut vain 16 kuukautta, joten hänen tietonsa olivat yhä tuoreita. Lisäksi hän tunsi läpikotaisin Mesopotamian alueen.

Tämä oli juuri sellainen haaste, jota Gertrude kaipasi, ja niin hän pakkasi tavaransa ja nousi Kairoon lähtevään laivaan marraskuussa 1915. Perillä häntä oli vastassa toinen vanha ystävä arkeologisilta kaivauksilta, T.S. Lawrence.

Kairossa Gertrudesta tuli "majuri neiti Bell". Hän oli ensimmäinen naisupseeri Britannian sotilastiedustelupalvelussa – naisille ei siihen aikaan ollut edes univormuja, joten hän pukeutui virassa raidallisiin puuvillaleninkeihin ja leveälierisiin olkihattuihin. Henkilökunta asui Kairon Grand Continental -hotellissa ja toimistotilat olivat sen naapurissa vielä hienommassa Savoyssa.

Gertruden tehtävänä oli pääasiassa laatia raportteja Lontooseen niin kutsutusta "arabikysymyksestä". Taakka oli siihen saakka ollut yksin Lawrencen harteilla, mutta pian heille vakiintui työnjako: Gertrude raportoi heimoista ja Lawrence kuvaili maantieteellisiä oloja ja reittejä ja piirsi karttoja. Gertrude joutui keräämään yhteen kaiken tietonsa alueen eri heimoista ja niiden välisistä suhteista – usein hän väritti näitä selostuksia vielä kuvailemalla eri sheikkien henkilökohtaisia ominaisuuksia. Hänen raporttejaan kiitettiin sekä asiantuntevuudesta että humoristisesta tyylistä, joka niitä elävöitti.

Brittien hallinnon sisälläkin oli kuitenkin monenlaisia mielipiteitä siitä miten "arabikysymys" pitäisi ratkaista. Lisäongelman muodosti se, että Mesopotamian alueella olevat brittiläiset joukot eivät kuuluneet Egyptin vaan Intian siirtomaahallinnon alaisuuteen. Koska Delhissä vaikutti siihen aikaan kaksi Gertruden vanhaa ystävää jo Bukarestin ajoilta, kenraali Clayton päätti lähettää Gertruden Delhiin neuvottelemaan. Delhissä Gertrude kävi kahdenkeskisiä keskusteluja varakuningas Hardingen kanssa ja yhteisymmärrys löytyi nopeasti. Lopputuloksena Gertrude lähetettiin seuraavaksi Basraan, jossa hän toimisi Kairon ja Delhin tiedustelupalvelujen yhteyshenkilönä.

Basran komentaja Sir Percy Cox oli alkuun epäluuloinen Gertruden suhteen, mutta rauhoittui Hardingen lähettämästä suosituskirjeestä, jonka mukaan Gertrude oli "huomattavan älykäs nainen, jolla on miehen aivot" (sic!). He oppivat pian arvostamaan toinen toisiaan erittäin suuresti. Gertrude sai oman toimistohuoneen, aseman poliittisena asiantuntijana ja nimikkeen "Itämaisten asioiden sihteeri" (*Oriental Secretary*).

Täällä hän tapasi vihdoin sheikki Abdul Aziz Ibn Saudin, jonka luokse hän ei koskaan päässyt perille seikkaillessaan Arabian niemimaalla. Mies oli hänestä todellakin "yksi vaikuttavimmista persoonallisuuksista" joita hän koskaan oli tavannut. Tunne ei ollut molemminpuolinen – sheikistä oli lähinnä loukkaavaa, että hänen vastaanottokomiteassaan oli nainen, jota vieläpä kohdeltiin tasavertaisena.

Kun brittien joukot etenivät maaliskuussa 1917 kohti pohjoista, päämaja ja Gertruden asemapaikka siirrettiin Bagdadiin – kaupunkiin, jota hän rakasti ja jossa hänellä oli jo ennestään paljon ystäviä. Gertrude ei kuitenkaan pitänyt "pienestä laatikosta", joka hänelle oli osoitettu virka-asunnoksi, ja hän kunnosti Bagdadin keskustasta itselleen viehättävän pienen talon, jota ympäröi rehevä puutarha. Siitä tuli hänen ensimmäinen – ja myös ainoa – oma kotinsa (hän kuoli siellä yhdeksän vuotta myöhemmin).

Sir Percy Coxin siirryttyä seuraavana vuonna Persiaan esimieheksi tuli pedanttinen Arnold T. Wilson, jonka mielestä Gertrude oli vain "riidanhaluinen ämmä". Hän suhtautui myös epäluuloisesti alaisensa vaikutusvaltaisiin ystäviin Kairossa, Delhissä ja Lontoossa ja ryhtyi lukemaan myös Gertruden henkilökohtaista kirjeenvaihtoa.

Gertruden työpanos oli kuitenkin edelleen avainasemassa. Kun sota oli voitettu ja turkkilaiset lyöty, tuli aika päättää Mesopotamian kohtalosta. Gertrude kiersi keskustelemassa kaikkien kanssa, niin virallisesti kuin epävirallisestikin. Naisena hän pääsi myös vaimojen vieraaksi ja sai juoruista kallisarvoista taustatietoa väestön tunnelmista – tämä olisi ollut miespuoliselle agentille mahdotonta.

Kun rauhanneuvottelut alkoivat Pariisissa vuonna 1919, A.T. Wilson lähetti Gertruden paikalle Lähi-idän asioiden asiantuntijaksi. Hän sai kuitenkin huomata sheikki Faisalin ja Lawrencen ehtineen sinne ennen häntä ajamaan omaa näkemystään – ja vähitellen he voittivat puolelleen myös

165

hänet. Gertrude kirjoitti matkalla käymiinsä neuvotteluihin perustuen uuden raportin, joka oli myönteinen arabien itsehallinnolle. Wilson raivostui.

Viimein syyskuussa A.T. Wilson lähti Bagdadista ja Sir Percy Cox palasi Britannian konsuliksi. Gertrude sai taas tukea työlleen, ja myös arabit pitivät Coxista. Nyt asiat alkoivat edistyä, ja arabiministereitä alettiin viimein nimittää.

Gertrude sai tammikuussa 1922 valmiiksi 147-sivuisen raporttinsa *Review of the Civil Administration of Mesopotamia*, joka esiteltiin Lontoossa sekä Parlamentin ylä- että alahuoneessa. Lehdistössä kuitenkin kiinnitettiin enemmän huomiota siihen, että sen oli kirjoittanut nainen, kuin sen sisältöön.

Churchill, joka siihen aikaan oli siirtomaa-asioista vastaava ministeri, oli puun ja kuoren välissä, sillä samaan aikaan Britanniassa valitettiin Lähi-idän hallinnon suurista kuluista. Niin hän kutsui Egyptiin koolle ryhmän orientalisteja päättämään toimenpiteistä Mesopotamiassa, Transjordaniassa ja Palestiinassa. Tämä Kairon konferenssi pidettiin maaliskuussa 1921, ja Gertrude Bell oli 40-henkisen ryhmän ainoa nainen.

Kokouksen tuloksena Palestiinan ja Transjordanian asema jäi edelleen epämääräiseksi, mutta Irakin asema vahvistettiin Coxin ja Gertruden esitysten mukaisesti. Sheikki Faisal kruunattiin Irakin kuninkaaksi elokuussa 1921. Tilanne ei kuitenkaan vakiintunut saman tien, eri heimot olivat epäluuloisia ja riitaisia. Faisal ei tuntenut aluetta eikä sen heimoja entuudestaan, ja niin hänkin

KUVA 15: Kairon konferenssi 1921
(yksityiskohta ryhmäkuvasta).
Gertrude Bell vasemmalla, eturivissä hattu sylissään Churchill,
oikealla seisomassa T.S. Lawrence.
(Britannian hallituksen kuvakokoelmat)

kääntyi Gertruden asiantuntemuksen puoleen. Heistä tuli
lopulta hyvin läheiset ystävät.

Gertruden tehtävät Britannian siirtomaahallinnossa
vähenivät, mutta hän sai uusia luottamustehtäviä Faisalin
alaisuudessa. Paitsi kuninkaan henkilökohtainen
neuvonantaja hänestä tuli myös Irakin museoviraston
johtaja. Tässä asemassa hän valvoi kaikkia alueella

suoritettavia kaivauksia ja piti huolen siitä että muinaisaarteita ei viety maasta.

Arabit kutsuivat häntä nimellä *al-Khatun* – tätä titteliä oli perinteisesti käytetty ottomaanien ja mongolien valtakunnissa valtiollisen vallan huipulla olleista naisista.

Kaikista aikaansaannoksistaan ja yhteyksistään huolimatta Gertrude Bell oli hyvin yksinäinen ihminen. Omapäisenä ihmisenä ja siirtomaahallinnon "outona lintuna" Gertrude lopulta vieraantui myös brittiläisestä yhteisöstä.

Viimeisinä vuosinaan hän kärsi syvästä masennuksesta ja hän kuoli lopulta unilääkkeiden yliannostukseen – on oletettavissa, että annostus ei ollut vahinko.

⊱

Alexandra David-Neel sanoi aikanaan, että seikkailu oli hänelle ainoa syy elää. Ja vaikka hän todella seikkailikin, hän oli myös yksi aikansa johtavia orientalisteja.

Alexandra David oli perheensä ainoa lapsi ja jo pienestä pitäen omapäinen. Hän alkoi karkailla kotoa jo kaksivuotiaana. Kun hän oli kuuden vanha, perhe muutti Pariisista Ixellesiin, Belgiaan. Tytär jatkoi sinnikkäästi karkailuaan, mutta aina joku toimitti hänet takaisin. Viidentoista ikäisenä hän matkusti yksin Englantiin ja viipyi siellä niin kauan kuin rahat riittivät. Kaksi vuotta myöhemmin hän matkusti junalla Sveitsiin, jatkoi sieltä jalan Saint Gotthardin solan kautta Italiaan ainoina matkavarusteinaan sadetakki. Äiti joutui matkustamaan

Lago Maggiorelle noutamaan rahattoman tyttärensä kotiin. Seuraavana vuonna Alexandra lähti kohti Rivieraa ja Espanjaa, tällä kertaa polkupyörällä.

Suuri yleisökin tuntee hänet ennen muuta matkasta jalkapatikassa ja valepuvussa Kiinasta Tiibetiin. Hänen varsinainen kiinnostuksen kohteensa oli kuitenkin buddhalaisuus.

Alexandra David-Neel pääsi viimein lähtemään kohti unelmiensa Itää elokuussa 1911. Laiva vei hänet Marseillen ja Suezin kautta Colomboon. Ceylonilla hän vietti pari kuukautta kiertäen turistina tutustumassa nähtävyyksiin. Mutta vasta kun hän jatkoi Intian puolelle, alkoi todellinen matka – myös henkisesti. Maduraissa hän tutustui ensimmäisen kerran tantrismiin, johon palasi uudelleen myöhemmin elämässään. Hän jatkoi junalla pohjoiseen ja vieraili marraskuussa Madrasissa kuuluisan gurun Sri Aurobindon luona.

Kuitenkin tiibetiläinen ajattelu oli se, joka häntä eniten kiehtoi. Niin hän otti innokkaana vastaan kutsun matkustaa pieneen Sikkimiin Himalajalla. Siellä hän yritti saada lupaa matkustaa rajan yli Tiibetin puolelle, mutta sen enempää brittiläiset kuin tiibetiläisetkään viranomaiset eivät suostuneet sitä hänelle myöntämään. Hän pääsi jo aivan Tiibetin ylätasangon reunalle, mutta joutui pettyneenä palaamaan takaisin Gangtokiin.

Merkittävä kokemus hänelle sen sijaan tarjoutui Intian puolella Kalimpongissa, lähellä Darjeelingiä. Siellä hän pääsi tapaamaan itse 13. Dalai Lamaa. Huhtikuussa 1912 tämä hengenmies soi ainutlaatuisen audienssin eksentriselle buddhalaiselle ranskattarelle. Alexandra oli kuitenkin jossain määrin pettynyt tapaamiseen, jolta hän luultavimmin oli odottanut jotain todella ylimaallista. Silti heidän keskustelunsa olivat pitkiä ja kiinnostavia.

Kun matkustusluvan saaminen Tiibetiin ei tästäkään huolimatta onnistunut Alexandra palasi Benaresiin ja ryhtyi sen sijaan paneutumaan uudelleen sanskritin opintoihinsa.

Joulukuussa 1913 hän oli jälleen Sikkimissä, ja uutena vuotena paikallisen luostarin munkit lahjoittivat hänelle tiibetiläisen naispapin tummanpunaisen kaavun osoituksena arvostuksestaan. Sikkimissä hän tapasi Dalai Laman vielä kertaalleen, kun tämä oli palaamassa sitä kautta takaisin Tiibetiin. Hyvästiksi Dalai Lamalla oli Alexandralle yksi neuvo: "Opettele tiibetiä!"

Alexandra ei luovuttanut suosiolla, mutta hänen liikkeistään ei ole tarkkoja tietoja – ainoat luotettavat dokumentit tältä ajalta ovat merkinnät brittiläisen siirtomaahallinnon arkistoissa hankalasta ranskattaresta, joka esitti yhä uusia suosituskirjeitä saadakseen luvan matkustaa Bhutaniin. Poliittinen virkamies P.J. Gould Assamista kirjoittaa 22.1.1914 päivätyssä muistiossaan:

Ranskalainen nainen nimeltä Madame David-Neel, joka on buddhalainen ja syvästi kiinnostunut buddhalaisesta filosofiasta - - näytti minulle kirjeen varakuninkaalta, jonka mukaan varakuningas oli kiinnostunut hänen suunnitellusta matkastaan, ja [hän] esitti suosituskirjeen Mr. Belliltä Bhutanin maharadžalle - - Mme. Neel on aikonut vierailla Chumbin laaksossa ja Bhutanissa omin päin. [31]

---

31 Foster: Forbidden journey, s. 126. (käännös kirjoittajan)

Tämän mukaan Alexandran suunnitelmiin ei suhtauduttu täysin kielteisesti, mutta Bhutanin maharadža vastusti niitä ehdottomasti. Hän pelkäsi, että jos yksikin eurooppalainen pääsee maahan, portit aukeavat sen jälkeen myös länsimaalaisille lähetyssaarnaajille. (Bhutan rajoittaa matkailua maahan yhä edelleen suojellakseen omaa kulttuuriaan.)

Kun lupa matkustaa Bhutaniin oli jälleen kerran evätty, Alexandra vetäytyi erakkoluostariin Himalajalle, Lacheniin 3900 metriä merenpinnan yläpuolelle. Hän opiskeli kahden vuoden ajan vanhan lama Gomchenin johdolla sekä buddhalaisuutta että tiibetin kieltä – vastapalvelukseksi hän opetti lamalle englantia. Lama asui luolassa vuoren rinteellä ja Alexandra toisessa luolassa vähän alempana, josta hän kiipesi päivittäin opettajansa luo. Ensimmäisenä vuonna he viettivät talven Lachenin markkinakaupungissa, mutta seuraavan talven he viettivät luolissaan täysin eristyksissä.

Kun hänen oppiaikansa Lachenissa loppui kesällä 1916, hän ei suunnannutkaan etelään kohti yhteyksiä Eurooppaan vaan kääntyikin pohjoiseen, jossa solat johtivat Himalajan toiselle puolelle Tiibetiin. Tiibetissäkin oli levottomuuksia paikallisten taistellessa kiinalaisia valloittajia vastaan. Lisäksi Dalai Lama halusi pitää Bhutanin maharadžan tavoin maansa vapaana länsimaisista vaikutteista. Brittien ja Venäjän hallitukset olivat luvanneet tälle politiikalle tukensa ja kaikille reiteille oli rakennettu tiesulkuja. Mutta Alexandra tajusi olevansa niin korkealla Himalajalla, että oli jo sulkujen sisäpuolella.

171

Lacheniin saapuessaan Alexandra oli palkannut palvelukseensa 15-vuotiaan noviisimunkin nimeltä Aphur Yongden. Tästä pojasta tuli hänen (ainoa) matkakumppaninsa Tiibetiin – ja loppuelämäkseen. He lähtivät matkaan ratsain mukanaan vain muuli kantamassa kahta pientä telttaa ja tarvikkeita.

Heinäkuussa 1916 Alexandran onnistui lopulta ylittää raja Tiibetin puolelle. Hänen määränpäänsä oli Shigatsen kaupunki ja sen lähellä sijaitseva Tashilhunpon luostari, jonne heidät oli kutsunut itse Panchen Lama, joka on Tiibetissä arvojärjestyksessä Dalai Lamasta seuraava (ja myöhemmässä historian vaiheessa myös kilpailija). Panchen Lama otti Alexandran vastaan korkea-arvoisena vieraana.

Tashilhunpossa Alexandra kohtasi uudenlaisen Tiibetin, jossa oli munkkiyliopistoja ja valtavia kirjastoja. Luostarissa asui siihen aikaan 3800 munkkia, joista puolet oli oppineita. Hän kävi heidän kanssaan pitkiä keskusteluja, ja sai lähtiessään oppineen laman kaavun. Hän sai myös Tashilhunpon yliopiston kunniatohtorin arvon.

Panchen Lama kutsui hänet jäämään Tasilhunpoon, mutta hän suunnitteli yhä palaavansa kotiin miehensä luo ja ryhtyvänsä esitelmöimään buddhalaisuudesta Euroopassa – hän oli jo saanut lukuisia luentopyyntöjä. Niin hän lähti elokuussa paluumatkalle.

Päästyään takaisin erakkomajaansa Lachenissa hän sai huomata, että sieltä oli ryöstetty kaikki. Kävi ilmi, että syylliset olivat kyläläisiä, jotka etsivät tavaraa korvaukseksi sakoista, jotka olivat saneet siitä hyvästä, että olivat päästäneet Alexandran lähtemään Tiibetiin. Alexandra oli itse vakuuttunut, että kantelun siirtomaahallinnolle olivat tehneet kateelliset lähetyssaarnaajat, joilta heiltäkin oli evätty pääsy Himalajan toiselle puolelle. Viranomaiset olivat kuitenkin saaneet tarpeekseen ranskattaren seikkailuista poliittisesti tulenaralla alueella ja hänelle annettiin kaksi viikkoa aikaa poistua maasta.

Paluumatka kulki kuitenkin Japanin kautta.

Japanin vierailun aikana Alexandran isäntänä toimivat maailmankuulu zen-buddhismin tutkija D.T. Suzuki ja hänen amerikkalainen vaimonsa. Alexandra oli halunnut vaihteeksi olla tavallinen turisti, mutta kierrokset nähtävyyksillä saivat hänet tuntemaan kuin olisi katsellut maata näyteikkunassa. Myös japanilaisten nopea teollistuminen tuotti hänelle pettymyksen – hän kutsui heitä "itämaiden saksalaisiksi" (ja hän vihasi saksalaisia). Hän kuitenkin työskenteli Japanissa puolisen vuotta vertaillen zeniläistä buddhismin harjoittamista intialaiseen ja tiibetiläiseen tapaan.

Japanista lähdettyään hän vietti jonkin aikaa Timanttivuoren luostarissa Koreassa ja jatkoi sieltä Pekingiin. Pekingin buddhalaiset eivät kuitenkaan halunneet olla missään tekemisissä länsimaalaisten kanssa ja sen sijaan, että olisi päässyt tutkimaan pyhiä kirjoituksia ja keskustelemaan uskonnosta, Alexandra joutuikin asumaan muiden eurooppalaisten kanssa. Seuraelämään kuuluivat muun muassa lähetyssaarnaajien vaimojen järjestämät säännölliset "viralliset teekutsut".

Hän olikin enemmän kuin onnellinen, kun Ranskan lähettiläs esitteli hänelle tiibetiläisen laman, jonka karavaani oli lähdössä Kum Bumin luostariin, joka sijaitsi aivan Kiinan, Mongolian ja Tiibetin rajalla. Lama kutsui hänet luostariin ja lupasi ylöspidon, jos Alexandra auttaisi häntä astronomian kirjan kirjoittamisessa. Alexandralla ei ollut mitään tietoa kyseisestä alasta, mutta hän suostui silti ilomielin.

Siellä hänen jatkosuunnitelmansa alkoivat kiteytyä. Hän aikoi matkustaa Länsi-Kiinan halki Tiibetiin ja sitten sieltä Himalajan yli takaisin Intiaan. Hän kertoi näistä suunnitelmista vain kirjeessä miehelleen, ja vannotti tätä olemaan kertomatta niistä kenellekään. Tieto siitä, että hän halusi Tiibetiin, ei saanut edelleenkään vuotaa millekään viralliselle taholle.

Alexandra vietti Kum Bumin luostarissa kaikkiaan kolme vuotta opiskellen ja kääntäen pyhiä tekstejä ja teki sieltä samalla retkiä ympäristöön. Vuosina 1921 ja 1922 hän kierteli eri puolilla Kansun ja Amdon provinsseja ja Gobin autiomaassa vältellen tiibetiläisiä viranomaisia ja etsien parasta reittiä Lhasaan. Häntä ajoi matkaan kolme eri motiivia: Hän halusi matkustaa paikkoihin, joissa kukaan eurooppalainen (ainakaan nainen) ei ollut koskaan käynyt. Hän halusi todistaa, että nainen pystyi suoriutumaan sellaisesta matkasta. Ja hän halusi kostaa niille, jotka olivat yrittäneet estää häntä lähtemästä.

Hän kokeili montaa eri reittiä – ja joutui aina palaamaan takaisin päin. Jyekundon kaupunkiin hän juuttui peräti vuodeksi. Mongoliasta hän joutui kääntymään takaisin, koska tällä välillä Venäjästä oli jo tullut Neuvostoliitto, ja rajavaltiossakin taistelivat bolshevikkien kannattajat ja vastustajat.

174

Kun he saapuivat Abbé Ouvrardin lähetysasemalle Tachienluun Mekong-joen rannalle, Alexandra oli jo lähettänyt kotiin suurimman osan matkatavaroistaan ja matkusti mukanaan vain välttämättömimmät tarvikkeet ja uskollinen Yongden. Hän oli jo 55-vuotias ja kärsi reumatismista, mutta ei antanut periksi. Hän kirjoitti Philip Neelille:

Ajattele minua silloin tällöin, rakkaani. Kuvittele pieni teltta vuoren juurella yöllä, kun kylmä puree ja kova maa halkeilee jalkojen alla, teltan edessä lehmänlantanuotio, jonka päällä teepannu kolmen kiven varassa, ja kaksi matkalaista lakit vedettynä korville istumassa tämän primitiivisen kotilieden äärellä.
Sano itsellesi, että he ovat hulluja. Mutta mitä tahansa ajatteletkin, sinun on ihailtava heidän rohkeuttaan. Ja jos käy niin, että heidän voimansa ehtyvät eivätkä he palaa seikkailultaan, säilytä mielessäsi tämä pieni kuva näistä löytöretkeilijöistä, jotka yrittivät jotain johon heidän loistokkaat kollegansa, joilla on kuuluisat nimet, eivät uskaltaneet ryhtyä.
Mutta älä huolestu, kaikki menee hyvin. Se on vain pitkä kävelymatka. [32]

Lokakuussa 1923 Alexandra ja Yongden lopulta lähtivät matkan viimeiselle osuudelle kohti Lhasaa. Huhut olivat heidän pahin esteensä, ja niin Alexandra kertoi Abbéllekin lähtevänsä vain lähitienoolle etsimään harvinaisia kasveja. He ottivat mukaansa kaksi kulia kantajiksi, koska eurooppalaisen naisen ei sopinut matkustaa ilman palvelijoita. Heti kun olivat päässeet turvallisen matkan

---

32 Foster: Forbidden journey, ss. 200-201. (käännös kirjoittajan)

päähän, he kuitenkin lähettivät kulit matkoihinsa – kummankin eri suuntiin tekaistuille asioille.

He suuntasivat kohti Kha Karpon (Lumisten vuorien) vuoristoa, jonka ympäri kiersi pyhiinvaellusreitti. Mikä tahansa retkikunta olisi herättänyt viranomaisten huomion, ja ainoa mahdollisuus onnistua oli vaeltaa ilman seuralaisia ja jalan kuten paikalliset pyhiinvaeltajat. Toisaalta rahatkin alkoivat olla lopussa, joten heillä ei olisi ollut varaakaan muuhun kyytiin.

Alexandra pukeutui maalaisnaisen likaisiin vaatteisiin. Hän värjäsi tukkansa mustaksi ja hieroi nokea kasvoihinsa ja käsiinsä. Yongden esitteli hänet äitinään ja tietäjän vaimona – heitä pidettiin pyhinä, eivätkä ihmiset näin ollen uskaltaneet tulla liian lähelle. He yöpyivät armeliaiden kyläläisten luona, joilta kerjäsivät ruokaa. Välillä he nukkuivat luolissa tai tyhjissä paimentolaisten majoissa vuorilla.

Kha Karpon vuoristosta he jatkoivat Salweenin jokilaaksoon ja sieltä Pon territorion halki Showaan. Puolessa matkassa he vielä poikkesivat pääreitiltä sivuun vain siksi, että Alexandra halusi kiertää alueelle, jossa kukaan eurooppalainen ei varmasti ollut käynyt ennen häntä.

Helmikuussa 1924 he viimein näkivät Potalan palatsin häämöttävän taivaanrannassa.

Neljän kuukauden patikoinnin jälkeen unelma oli täyttynyt: Alexandra oli Lhasassa. Matkareitti on linnuntietäkin yli 6 000 kilometriä, mutta kaikki kiertelyt ja "väistöliikkeet" mukaan lukien Alexandra ja Yongden olivat matkanneet kaikkiaan lähes 13 000 kilometriä.

He majoittuivat pikkuruiseen huoneeseen kerjäläisten asuntolassa keskustan ulkopuolella, mikä oli täydellinen piilopaikka. Potalan palatsiin he menivät tutustumaan pienen pyhiinvaeltajajoukon mukana, eikä kukaan osannut epäillä mitään.

He viipyivät Lhasassa kaksi kuukautta ja jatkoivat sitten ratsain etelään tarkoituksenaan ylittää Intian raja Chumbin laaksossa.

Kolmen viikon kuluttua he alkoivat kuitenkin olla jo niin nääntyneitä, että Gyangtsessa Alexandra päätti "antautua" briteille. Rähjäinen kerjäläispariskunta saapui eräänä iltapäivänä brittiläisen kauppaedustajan David MacDonaldin asunnolle. Tämä osoittautui oikeaksi ratkaisuksi. MacDonald majoitti heidät, järjesti heille matkustuspaperit ja jopa lainasi rahaa ensi hätään. Vasta nyt Alexandra tajusi, kuinka matka oli verottanut hänen voimiaan. Lopulta MacDonaldin tytär lainasi heille myös kantajansa loppumatkaa varten.

Kun Alexandra viimein palasi Sikkimiin Britannian konsuli oli vaihtunut, ja hänet otettiin nyt täälläkin vastaan ystävällisesti.

Vuonna 1927 Alexandra julkaisi tästä seikkailumatkastaan kertomuksen *Voyage d'une Parisienne à Lhasa*, josta tuli maailmankuulu. Se ilmestyi yhtä aikaa sekä New Yorkissa, Lontoossa että Pariisissa.

Palattuaan lopulta kuuluisalta seikkailultaan hän asettui asumaan Digneen, Provenceen, taloon jolle hän antoi tiibetiläisen nimen *Samten Dzong* (Mietiskelyn linnoitus). Hän ryhtyi toimittamaan tieteellisiä tekstejään, joista tunnetuin on *Mystiques et magiciens du Tibet*. Hän kiersi ympäri Eurooppaa luennoimassa itämaisista uskonnoista.

Kun hän vuonna 1937 lähti kolmannelle (ja viimeiselle) matkalleen Aasiaan, hän sai jo matka-avustusta eri ministeriöiltä.

Sen jälkeen kun hänen uskollinen seuralaisensa Yongden oli kuollut vuonna 1955, Alexandra vetäytyi kokonaan Samten Dzongiin. Siellä hän kirjoitti sekä kuvauksia matkoistaan että lukuisia orientalistisia tutkimuksia. Hän oli sekä tunnettu ja arvostettu asiantuntija tiedepiireissä että idoli hippisukupolvelle, joka jälleen kiinnostui itämaisesta ajattelusta. Samten Dzongissa vieraili 1960-luvulla monia nuoria ennen lähtöään Intiaan, ja sihteeri-seuralaisensa sisukkaasta vastustuksesta huolimatta Alexandra otti heidät aina mielellään vastaan.

Alexandra David-Neel kuoli kotonaan vuonna 1969 101-vuotiaana. Hänen tuhkansa siroteltiin Gangesiin niin kuin hän oli toivonut.

KUVA 16: Alexandra David-Neel tiibetiläisessä juhla-asussa.
(Kuvaaja tuntematon)

8. Seikkailu on ainoa syy elää - ja kuolla

Silloinkin kun naiset tekivät tutkimusmatkoja tai kirjoittivat matkakirjallisuutta, monille alkuperäinen motiivi lähteä liikkeelle oli silti Alexandra David-Neelin tapaan puhdas seikkailunhalu. Joillekin se oli ainoa motiivi.

Kun yritettiin estää naisia lähtemästä matkalle yksin, se argumentti, jota useimmin käytettiin – sovinnaisuuden lisäksi – oli turvallisuus. Pojissa seikkailunhalu ja vaarojen uhmaaminen ovat usein ihailtuja piirteitä, mutta tytöille niitä ei pidetä sopivina.

Nurinkurista kyllä, matkustaminen saattoi silti olla siirtomaavallan aikoina naisille jopa turvallisempaa kuin miehille, koska heitä ei koettu valloittajiksi eikä uhkaksi. Länsi-Afrikassa lähetyssaarnaaja Mary Slessor oli ensimmäinen, joka onnistui tehtävässään alueella – miehet, jotka olivat saapuneet paikalle ennen häntä, oli kaikki surmattu. Hän itse kuvailee tilannetta:

> Yksin villien parissa hän näyttäisi olevan huonommassa asemassa kuin mies. Mutta, kummallista kyllä, juuri tämä avuttomuus usein näyttää suojelevan naisia, ja he voivat tunkeutua ilman vastarintaa tuntemattomille seuduille, jonne miehet voivat mennä vain henkensä uhalla . . . noiden pimeiden maiden asukkaat

181

suhtautuisivat epäillen joukkoonsa ilmestyvään valkoiseen mieheen. Hän luultavasti kantaisi asetta, mikä sinänsä jo on merkki vaarasta; hän saattaa olla armeijan tiedustelija, hänellä voi olla epäilyttäviä suunnitelmia koskien heidän vapauttaan; mutta nainen ei varmasti ole tullut taistelemaan, ja vaikka he eivät ymmärräkään miksi ihmeessä hän on tullut heidän luokseen, he todennäköisesti pitävät häntä harmittomana, vaikkakin luultavasti hulluna, ja kiinnostavana ilmiönä. [33]

Aivan yksin nämä naismatkailijat kuitenkin harvoin matkustivat. Yleensä heillä oli entisaikaan mukanaan ainakin pieni joukko oppaita, turvamiehiä ja kantajia, monilla jopa valtavat karavaanit ja palveluskunnat (yleensä kaikki miehiä) – samoihin aikoihin matkailevilla miehillä tosin oli vieläkin suuremmat retkikunnat, koska heillä oli enemmän varoja käytettävissään. Heidän tutkimusmatkojaan rahoittivat valtiot, kirkot, tieteelliset seurat ja yritykset, kun taas naiset joutuvat useimmiten kustantamaan kaiken itse. Jokainen tohtori Livingstonen Afrikan matkoista maksoi yli 50 000 puntaa, yksi Mary Kingsleyn matka 300 puntaa. Naiset matkustivatkin keskimäärin vähemmin varustein kuin miehet.

Yleensä "yksin" tarkoittikin "ilman vertaistaan seuraa", tai May French Sheldonin sanoin "ilman yhdenkään palvelijaa korkea-arvoisemman valkoisen tai mustan miehen tai naisen apua tai seuraa". Näitä alempiarvoisia hänen retkikuntaansa kuului lopulta 153 henkeä, sotilaita, tulkkeja ja kantajia, myös joitakin paikallisia naisia

---

33 Birkett, Spinsters abroad, ss. 134-135. (käännös kirjoittajan)

keittiöaskareisiin (matkasta kertovasaa kirjassa on lista, jossa heidät on kaikki lueteltu nimeltä!)

Niin pitkälle kuin pystyi, hän matkusti mukanaan tuomassa pyöreässä rottinkisessa kantotuolissa. Sen oli suunnitellut lääketehtailija Henry S. Wellcome (joka oli hänkin Sheldonien perhetuttu), ja se voitti jopa palkinnon Chicagon maailmannäyttelyssä 1893.

Siinä oli eteen vedettävät silkkiverhot, laatikosto pikkutavaroille ja kirjoituspöytä. Istuin kääntyi vuoteeksi, ja usein hän myös nukkui siinä – ja oli kerran yöllä joutua sinne sisään luikerrelleen pythonin kuristamaksi.

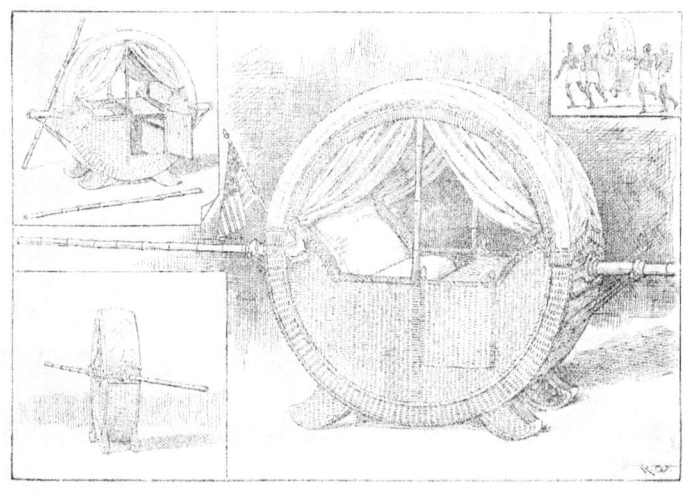

KUVA 17: May French Sheldonin kantotuoli
(Wellcome collection)

Ainoat mahdolliset kuormajuhdat niillä alueilla olivat siihen aikaan ihmisiä, jotka kantoivat kaiken. Mutta heitä oli retkikuntaan haalittu monista heimoista, joilla kaikilla oli oma kantotyylinsä. May antoikin kirjassaan neuvon, että kantotuolia varten oli aina valittava niitä, jotka kantoivat taakan hartioillaan – pään päällä kannetut aisat tuppasivat tekemään tuolista liian kiikkerän...

Paluumatkalla oli vielä pahempi onnettomuus edessä, kun karavaani lähti ylittämään jokea heiveröistä puunrungoista kyhättyä siltaa pitkin. Mayn olisi kannattanut ylittää se kävellen, mutta hän oli työn touhussa kantotuolissaan eikä tarkastellut ympäristöään tarpeeksi. Juuri kun kantajat olivat päässeet puoleen väliin, alkoi kaarna kuoriutua vettyneiden runkojen päältä, jalat lipesivät ja kaikki syöksyivät alas jokeen. Vielä kun miehet yrittivät pelastaa Mayta vedestä, he liukastuivat savisella joenpenkalla ja pudottivat hänet toistamiseen. Tällä kertaa hän putosi kiville ja loukkasi selkänsä niin pahoin, että koko loppumatka (Eurooppaan saakka) oli yhtä tuskaa. Hän ei enää pystynyt edes istumaan kantotuolissaan vaan hänet kannettiin alas rannikolle riippumatossa.

Ulkoisia uhkia vastaan May myös "puolustautui" heiluttamalla vaaratilanteissa valkoista lippua tai matkasauvaa, johon kiinnitetyssä kyltissä luki latinaksi "*Noli me tangere*", eli "Älkää koskeko minuun" – herää tosin kysymys, kuinka moni senaikaisessa Afrikassa oli latinantaitoinen, tai osasi ylipäätään lukea.

Äärimmäinen seikkailu oli suunnata seuduille, jonne oppaatkaan eivät olisi halunneet lähteä. Pitkin Länsi-Afrikan rannikkoa purjehtiessaan Mary Kingsley oli jo useamman kerran nähnyt komean Kamerunvuoren, jonka huipun kraatteri kohoaa 4070 metriin. Paikalliset kutsuivat sitä nimellä Mungo Mah Lobeh, joka tarkoittaa ukkosen valtaistuinta. Victoriassa hän sai päähänsä lähteä kiipeämään sille – jälleen kaikista varoituksista huolimatta. Hän lähti matkaan syyskuun lopulla muutaman tottumattoman kantajan kanssa. Matka huipulle kesti kuusi päivää. Sää oli hirveä ja kaikki hänen (miespuoliset) oppaansa luopuivat leikistä yksi toisensa jälkeen. Kokki kuvasi vuoren vaaroja sanoen: "jos putoaa vuoren toiselta puolelta, kuolee, ja jos putoaa toiselta, kuolee".

Mary jatkoi kuitenkin sisukkaasti ja pääsi kuin pääsikin huipulle. Se oli pettymys siinä mielessä, että sää oli edelleen sateinen ja sumu esti häntä näkemästä niitä upeita maisemia, joista hän oli haaveillut. Huipulla kraatterin reunalla oli edellisten kiipeilijöiden jäljiltä lukuisia tyhjiä pulloja, mikä kertoi siitä, että onnistunutta retkeä oli ilmeisimmin juhlittu. Mary seisoi siellä yksin sumussa – hän jätti paikalle vain käyntikorttinsa kivenkoloon.

Ida Pfeifferin tavoitteena oli matkata Indonesiassa Sumatran saaren keskellä sijaitsevalle Toba-järvelle, jonne kukaan länsimaalainen ei vielä ollut päässyt. (Vain parikymmentä vuotta aiemmin paikallinen heimo oli syönyt kaksi sinne yrittänyttä lähetyssaarnaajaa.) Alkumatka sujuikin ongelmitta, mutta pitemmälle matkatessa vastaanotto alkoi käydä yhä vihamielisemmäksi, kunnes lopulta Ida sai huomata olevansa ihmissyöjäsoturien piirittämä. Hän ei silti käynyt hysteeriseksi, sen sijan hän totesi huonolla malaijintaidollaan, että he eivät varmaankaan haluaisi "tappaa ja syödä niin vanhaa naista kuin hän, jonka liha jo on kuivaa ja sitkeää". Huumori auttoi ja tilanteesta selvittiin. Heimot eivät kuitenkaan suostuneet päästämään häntä enää pitemmälle ja niin Toba-järvi jäi vain haaveeksi hänellekin. Paikalliset lohduttivat, että hän silti oli päässyt pitemmälle kuin kukaan länsimaalainen ennen häntä.

Myöhemmin Ida vieraili Madagaskarilla aikana, jolloin sitä hallitsi itsevaltainen ja verinen kuningatar Ranavala. Tämä muun muassa vihasi eurooppalaisia ja vainosi kaikkia kristinuskoon kääntyneitä. Tästä huolimatta Ida sai kutsun hoviin yhdessä ranskalaisen seikkailijan Lambertin kanssa, mutta heidän oleskellessaan Antananarivossa siellä puhkesi kapina kuningattaren julmuutta vastaan. Se kukistettiin ja osallistuneita rankaistiin entistä julmemmin. Jälleen kerran kaikesta syytettiin kristittyjä ja myös Ida joutui uhatuksi. Viime hetkellä prinssi Rakoto onnistui kuitenkin vakuuttamaan äitinsä, että eurooppalaisten teloittaminen aiheuttaisi kansainvälisen kriisin ja toisi ulkovaltojen laivastot Madagaskarille. Sen jälkeen Ida ja muut ulkomaalaiset – kaikkiaan kuusi henkeä – karkotettiin pääkaupungista.

Matkasta takaisin Tamatavén satamakaupunkiin tuli tuskallinen. Saattajat viivyttelivät tahallaan ja runsaan viikon matkaan rannikolle kului lopulta 53 päivää. Kurjiin kyliin jäätiin usein viikoksi tai jopa kahdeksi, mutta kun Ida oli korkeassa kuumeessa, hänet patistettiin eteenpäin.

Kirjoittaessaan matkakuvauksiaan nämä naiset lähes poikkeuksetta kuitenkin vähättelivät kokemiaan vaaroja. Kirjeissä motiivina oli useimmiten se, etteivät he halunneet huolestuttaa kotiväkeään, mutta he jättivät usein pahimmat tilanteet pois myös myöhemmin julkaistuista matkakuvauksista, tai ainakin kaunistelivat tarinaa. Varsinkin Isabella Bird oli tässä lajissa mestarillinen. Viimeistä matkaansa Pohjois-Afrikkaan – ollessaan jo 70-vuotias – hän kuvailee kirjeessään:

Lähdin Tangerista ja merimatka Mazaganiin oli rankka. Rantautuminen siellä oli niin hirveä ja meri niin myrskyinen, että kapteeni vaati, että minut piti nostaa veneeseen laivan vintturilla hiilikorissa. Miehistö ja muut matkustajat hurrasivat kannella, kun vene samalla nousi hurjan aallon harjalle pyrkiessään kohti rantaa. Lastia ei voitu purkaa lainkaan. En ole koskaan ollut veneessä niin myrskyisellä merellä. Ennen lähtöäni laivalta kuumeeni oli jälleen noussut; ja kun leiripaikka osoittautui läpimäräksi kynnöspelloksi joka vaoissa vesi seisoi, ja teltta piti pystyttää tuulessa ja tuiskussa eivätkä monet vaarnoista pitäneet ollenkaan, ja kun sänkyni pääty vajosi mutaan kun laskeuduin sille, silloin luulin että kuolisin siinä – mutta kuume oli tiessään! [34]

Mutta vaara saattoi myös osoittautua todella vakavaksi.

Kiinassa Isabella Bird matkasi aikana, jolloin olot olivat varsin levottomat. Kaikista kokemuksistaan huolimatta hän ei osannut aavistaa, kuinka vaarallinen maa tuolloin oli länsimaalaisille. Toisin kuin maassa oleskelevat lähetyssaarnaajat, jotka pukeutuivat paikallisten tavoin, Isabella ratsasti ylpeästi länsimaalaisissa vaatteissaan ja jopa japanilaisessa hatussa. Seurueen oppailla oli täysi työ pitää vihamieliset kansanjoukot etäällä, ja tilanne äityi kerran jo todella vakavaksi. Hänelle tulkattiin jälkeenpäin ihmisten huutaneen yhteen ääneen "Tappakaa se!" ja

---

34 This grand beyond, s. 175 (käännös kirjoittajan)

"Polttakaa se!" – he todella yrittivätkin sytyttää majatalon tuleen, kun eivät onnistuneet tunkeutumaan sisälle huoneeseen, jossa Isabella kyyrötti revolveri ampumavalmiina kädessään. Tilanne laukesi vasta, kun mandariini sanan saatuaan lähetti sotilaansa ulkomaalaisen matkalaisen turvaksi.

Hollantilaisen Alexine Tinnén seikkailu päättyi vielä traagisemmin. Oppaina toimineet tuaregit ryöstivät ja tappoivat hänet Saharan autiomaassa.

Alexine Tinné oli matkustellut jo pienenä isänsä kanssa eri puolilla Eurooppaa ja isän kuoltua äidin kanssa Etelä-Euroopassa ja Skandinaviassa. Hän oli aina ollut kiinnostunut maantieteestä, ja siihen aikaan muodissa olleet matkakuvaukset itämailta olivat ruokkineet romanttista eksotiikan nälkää. Kun isä kuoli, hän jätti jälkeensä valtavan perinnön, joka avasi tyttärelle mahdollisuuden matkustaa minne vain halusi. Äiti palvoi ainoaa lastaan ja halusi auttaa tätä toteuttamaan jokaisen unelmansa. Alexinen unelma oli matkustaa.

1850-luvun alussa he lähtivät matkalle, joka seurasi yhtä siihen aikaan suosittua turistireittiä Raamatun maisemissa. He ratsastivat Kairosta aaseilla Punaiselle merelle ja jatkoivat sieltä Pyhälle maalle ja Damaskokseen. Sieltä he palasivat Kairoon ja lähtivät seuraavaksi ylös Niiliä. He pääsivät Wadi Haifaan saakka, mutta sillä kertaa toiset putoukset pakottivat heidät kääntymään takaisin.

He viettivät alueella kaikkiaan puolitoista vuotta, ennen kuin palasivat Haagiin.

He tekivät sen jälkeen lyhyempiä matkoja Euroopassa, mutta unelma Afrikasta jäi kytemään. Kesällä 1860 he alkoivat tehdä matkavalmisteluja palatakseen Egyptiin, nyt todelliselle seikkailumatkalle. Mukaan lähti tällä kertaa myös Alexinen täti.

Jo ensimmäisellä matkallaan ylös Niiliä Alexine Tinnéllä oli ollut valtava retkikunta. Kantajia oli satoja ja tavaroita kuljetettiin höyrylaivalla ja usealla proomulla – hänellä oli mukanaan jopa piano. Toisella matkalla seurueeseen liittyi myös kaksi saksalaista tiedemiestä, eläintieteilijä Theodore von Heuglin ja kasvitieteilijä tohtori Steudner, jotka olivat molemmat tunnettuja Afrikan tutkijoita.

Alexine toivoi pääsevänsä Niilin sivuhaaraa Gazellea pitkin Tšad-järvelle, jonka uskottiin olevan tämän joen alkulähde. Hän haaveili löytävänsä myös Kongo-joen lähteen, jota tutkimusmatkailija Speke oli kutsunut "viimeiseksi kiinnostavaksi kohteeksi Afrikassa". Speke itse tosin varoitti heitä lähtemästä – hänen mielestään tällainen matka saattoi onnistua vain pienellä joukolla, ei Tinnén naisten valtavan retkikunnan kanssa. Alexine ei välittänyt varoituksesta.

Kun huhut tästä matkasta kiirivät Eurooppaan Englannin *Royal Geographical Society* kutsui Alexinen velipuolen John Tinnén kokoukseensa selvittämään, mistä siinä oikein oli kysymys. Tämä vakuutti, että nämä kolme naista eivät olleet varsinaisia tutkimusmatkailijoita, vaan halusivat vain seikkailla.

Matkaan lähdettiin helmikuussa 1863 torvisoiton ja kunnialaukausten saattelemana.

Muut eurooppalaiset olivat kauhuissaan naisten uskaltautuessa tällaiselle retkelle. Kyse ei kuitenkaan ollut niinkään turvallisuudesta vaan sovinnaisuudesta. Englantilainen Samuel Baker kirjoitti kirjeessä veljelleen: "Nuori nainen yksin Dinka-heimon parissa - - heidän täytyy olla hulluja. Kaikki alkuasukkaathan ovat yhtä alasti kuin syntyessään."

Tämän matkan kohtaloksi koitui kuitenkin terveydellinen vaara – suuri osa retkikunnasta menehtyi kuumetautiin, heidän joukossaan Alexinen äiti sekä toinen saksalaisista tiedemiehistä. Kun vielä Alexinen tätikin kuoli vähän matkan jälkeen, olisi luullut hänen saaneen seikkailuista tarpeekseen. Mutta sukulaisten suostuttelukaan ei saanut häntä enää palaamaan Eurooppaan.

Alexine kierteli useita vuosia Välimerellä ja Pohjois-Afrikassa, ja saapui lokakuussa 1868 Tripoliin. Tällä kertaa hänen tarkoituksenaan oli ylittää Saharan autiomaa Tripolista Tšad-järvelle ja jatkaa sieltä edelleen itään päin Niilille.

Hän pyysi alueen hyvin tuntevaa Gerhard Rohlfsia mukaansa. Rohlfs oli kuitenkin jo lupautunut opastamaan englantilaista tutkimusretkikuntaa Abessiniaan ja joutui näin kieltäytymään. Seuraavaksi Alexine yritti pyytää turvamiehiä konsulilta Tunisista, mutta tämä järkyttyi hänen arabialaisesta asustaan. Konsuli ilmoitti, että hän suostuisi keskustelemaan asiasta vasta, kun Alexine saapuisi paikalle eurooppalaisessa puvussa. Tähän

KUVA 18: Alexine Tinné ratsastamassa kamelilla Saharassa
(Kuva julkaisusta Die Gartenlaube, 1869)

puolestaan ei Alexine suostunut, vaan lähti kaupungista saman tien.

Matkaan hän lähti kaikesta huolimatta vuonna 1869. Hän oli päättänyt olla ensimmäinen länsimaalainen nainen, joka ylittäisi Saharan autiomaan. Turvamiehikseen hän otti vapautettuja orjia ja joukon seikkailunhaluisia hollantilaisia merimiehiä. Karavaani käsitti lopulta 50 henkeä ja 70 kamelia. Tarkoituksena oli alun perin seurata ranskalaisen tutkimusmatkailija Duveyrier'n reittiä, joka kulki Tassili N'Ajjerin tasangon kautta etelään Tšad-järvelle ja sieltä edelleen Bornun sulttaanikunnan ja Darfurin kautta Khartoumiin.

Matkan ensimmäinen, 800 kilometrin osuus meni ongelmitta, ja karavaani pääsi Murzuqin keitaalle. Siellä Alexine kuitenkin tapasi oppaan, joka lupasi johdattaa heidät tuaregi-heimon alueen halki. Mies sai hänet suostuteltua lupaamalla, että matkalainen saisi tavata itse tuaregien päällikön Ghatin keitaalla. Heinäkuun lopulla karavaani lähti Murzuqista kohti Ghatia.

Alexine oli ottanut keitaalta mukaansa kaksi suurta tankillista vettä. Ikävä kyllä pian levisi huhu, että tankit olivatkin täynnä kultakolikoita. Sen houkuttelemana ryöstäjäjoukko hyökkäsi heidän kimppuunsa kesken matkan. Taistelussa kaksi hollantilaisista merimiehistä sai surmansa ja ryöstäjä sivalsi miekalla Alexinea niskaan ja käsille. Hän kuoli hitaasti verenhukkaan.

Kuolema ei tullut kuitenkaan hänelle yllätyksenä, hän oli tietoinen matkojensa vaaroista. Toukokuussa 1868 hän oli kirjoittanut velipuolelleen John Tinnélle:

Jos minulle sattuisi jotain matkoillani, jos saisin
surmani, mikä on täysin mahdollista, ihmiset saattavat
sanoa, että "hän ansaitsi sen, sitä kaikki tuollainen
matkustelu teettää, Alexine-parka, mikä kuolema jne.",
mutta älä sinä tee sitä, älä sure minua. En ole koskaan
ymmärtänyt, mitä onnellista on vanhenemisessa.
Minusta se on aina ollut jotenkin surullista – jopa
parhaissakin olosuhteissa, enkä pidä pelottavana
ajatusta kuolemisesta onnellisena ja urheana,
puukoniskusta tai aseen laukauksesta, sen sijaan että
raahautuisin läpi pitkästyttävän elämän, niin kuin olen
nähnyt monen tekevän. Ehkä on järkyttävää ajatella
näin. Jos kuulet tänään tai huomenna, että minut on
lähetetty viimeisen rajan taakse, älä ajattele, että
viimeiset hetkeni olisivat olleet katkerat. Kaiken
kaikkiaan olen ollut tyytyväinen elämääni – olen elänyt
hyvin (toivottavasti et ymmärrä tätä niin että olen
elänyt häpeämättömästi). Minulla on ollut hauskaa.
Minulla ei ole mikään kiire kuolla – mutta jos niin käy –
lyhyt mutta onnellinen elämä! [35]

Hän oli kuollessaan vain 34 vuoden ikäinen.

Isabelle Eberhardtille motiivi matkoille oli ennen muuta
ikuinen vapauden kaipuu. Hän kirjoitti aavikolta lähes
hurmioituneena:

Nukuttuani kauniin tähtitaivaan, tämän Oranin
eteläpuolen syviä uskonnollisia tunteita herättävän
taivaan alla, olen tuntenut maan voimien tunkeutuneen
itseeni, ja minussa on raakaa voimaa, joka pakottaa
minut asettumaan hajareisin tammani selkään ja

---

35 Willink: The fateful journey, s. 196 (käännös kirjoittajan)

karauttamaan suoraan eteenpäin, pää tyhjänä
ajatuksista - - [36]

Ensimmäistä kertaa hän tunsi olevansa todella elossa,
kun hän ratsasti hiekkadyyneillä kuutamossa. Hän nautti
myös siitä, että *spahit*, arabisotilaat, kohtelivat häntä
vertaisenaan.

Äitinsä kuoltua hän kierteli Tunisiassa ja itäisessä
Algeriassa. Kun rahat loppuivat, hän matkusti ensin
veljensä luo Marseille'hin ja sitten Pariisiin, jossa yritti
luoda uraa kirjailijana. Menestys ei kuitenkaan ollut
kehuttava.

Lopulta hän palasi Algeriaan heinäkuussa 1900 ja
asettui asumaan El Ouediin.

Täällä hän tapasi algerialaisen sotilaan Slimène
(Suleiman) Ehnnin, johon rakastui tulisesti. He asuivat
yhdessä aivan avoimesti. Tämä oli omiaan jälleen
ärsyttämään ranskalaisia siirtomaaviranomaisia, jotka
yrittivät sijoittaa Slimènen mahdollisimman kauas
Isabellestä. Pari yritti saada luvan mennä naimisiin, mutta
se evättiin.

El Ouedissa Isabelle tutustui sufilaiseen Quadriya-
veljeskuntaan, joka oli perustettu Bagdadissa 1100-luvulla
ja levinnyt sieltä kaikkialle arabimaailmaan. Joulukuussa
hänet vihittiin veljeskunnan jäseneksi. Joidenkin lähteiden
mukaan hän olisi päässyt tähänkin asemaan vain
tekeytymällä mieheksi, mutta itse asiassa Quadriyalla oli
useita naispuolisia johtajiakin. Veljeskunta tarjosi
Isabellelle kauan kaivatun hengellisen ja henkisen kodin, ja

---

36 Eberhardt: Islamin siimeksessä, s. 41

hän omistautui hartaasti uskonnolliselle mietiskelylle. Veljeskunnan muiden jäsenten kanssa hän matkusti myös aavikon kyliin auttamaan paikallisia – hänen tehtävänään oli yleensä kirjoittaa ja lukea kirjeitä, niin arabiaksi kuin ranskaksikin.

Veljeskunnalla ei ollut vain uskonnollista valtaa, vaan se vaikutti myös politiikassa ja muussakin yhteiskuntaelämässä. Tästä syystä tämäkään käänne Isabellen elämässä ei ollut siirtomaahallinnon mieleen. Niinpä, kun vuoden 1901 alussa eräs kilpailevan veljeskunnan jäsen yritti Behiman kylässä murhata Isabellen, oli enemmän kuin mahdollista, että yrityksen takana olivat itse asiassa ranskalaiset. Murhayritys epäonnistui, mutta vaikka Isabelle oli uhri, hänet karkotettiin Algeriasta sen jälkeen – tekosyynä käytettiin hänen omaa turvallisuuttaan. Venäjän konsuli kannatti päätöstä.

Isabelle palasi Ranskaan, ja muutti jälleen veljensä luokse Marseille'hin. Elämässä tapahtui viimein onnellinen käänne, kun Slimène siirrettiin Ranskaan palvelusaikansa loppuajaksi. Siellä naimisiinmenolle ei tarvittu esimiesten lupaa. Niin hänet ja Isabelle vihittiin viimein lokakuussa 1901 Marseillen moskeijassa. Koska Slimène oli Ranskan kansalainen, pääsi Isabelle palaamaan Algeriaan hänen kanssaan.

Maaliskuussa 1902 Isabelle tapasi lehtimiehen nimeltä Victor Barrucand, joka suunnitteli oman radikaalin ranskan- ja arabiankielisen lehden perustamista. Kun hän palkkasi Isabellen, hyöty oli molemminpuolinen. Barrucand toivoi, että tämä "aavikkoamatsoni" houkuttelisi lehdelle lukijoita myös Ranskassa. Isabellelle pesti tarjosi paitsi rahaa – vaikkakin palkkiot olivat huonoja – myös mahdollisuuden lähteä reportaasimatkoille eri puolille maata.

Kesäkuun lopulla Isabelle lähti etelään El-Hameliin tapaamaan naispuolista *maraboutia* (hengellistä johtajaa) Lella Zeynabia. Tämä vanhempi nainen teki häneen suuren vaikutuksen, ja hän palasi uudelleen vielä puolen vuoden kuluttua.

Sillä välin Slimène oli suorittanut tulkin tutkintonsa ja sai viran Ténès'n pikkukaupungista. Seuraavan vuoden Isabelle sukkuloi Ténès'n ja Algerin väliä. Vuonna 1903 Ténès'ssä pidettiin pormestarinvaalit ja Barrucand ja Isabelle ryhtyivät agitoimaan paikallista väestöä ranskalaisia vastaan. Tämä johti tietenkin vastakampanjaan ranskalaisten puolelta.

Ystävien kuvausten perusteella Isabelle oli kaikkea muuta kuin viehättävän näköinen, puhui rumalla nasaalilla äänellä, poltti ketjussa, kiroili ja oli aina lainaamassa rahaa. Vastapuolen propagandan mukaan hän kuitenkin oli rikas ja hemaiseva venäläinen seksipommi, joka hunajaisella äänellä vietteli miehiä aatteensa taakse – tämä imago oli paljon tehokkaampi ase häntä vastaan.

Kun eteläisessä Oranissa Marokon rajalla puhkesi levottomuuksia, Isabelle matkusti paikalle sotakirjeenvaihtajaksi. Aïn Sefrassa hän tapasi eversti Lyauteyn, joka – toisin kuin muu siirtomaahallinto – näki hänessä mahdollisuuden eikä riskin. Isabelle puhui sujuvaa arabiaa ja hänellä oli hyviä suhteita paikallisiin. Mitään todisteita ei kuitenkaan ole siitä, että Isabelle toimi vakoojana, mutta ainakin everstistä tuli hänelle hyvä ystävä.

Toukokuussa 1904 Isabelle ratsasti Aïn Sefrasta lounaaseen Kendasaan tapaamaan Sidi Brahimia, jolla oli siellä *zawiya* (uskonnollinen yhteisö). Lyautey halusi varmistaa hänen tukensa omille rauhanpyrkimyksilleen. Vakooja tai ei, Isabelle löysi Sidi Brahimin luota hengellisen rauhan ja kirjoitti haluavansa jäädä sinne asumaan ikuisesti. Siellä kuitenkin malaria, jota hän oli sairastunut jo kauan, paheni niin että hän oli jo vähällä kuolla. Hänen oli palattava takaisin, ja Aïn Sefrassa hän joutui viikkokausiksi sotilassairaalaan.

Slimène saapui hänkin Aïn Sefraan ja yhdessä he vuokrasivat pienen savimajan kuivuneen joenuoman partaalta vastapäätä ranskalaisten parakkeja – paitsi, että uoma ei sen vuoden sateiden jälkeen enää kauan ollut kuiva. He eivät ehtineet asua siellä kuin kaksi päivää, kun äkillinen raju tulva pyyhkäisi kaikki joenrannan rakennukset mennessään. Slimène pelastui, mutta sairaudesta yhä heikko Isabelle hukkui. Hänen ruumiinsa löydettiin myöhemmin romahtaneiden rakennusten jätteiden joukosta.

Hän oli kuollessaan vain 27-vuotias.

Paitsi lehtiartikkeleita hän oli kirjoittanut päiväkirjoja ja novelleja. Käsikirjoituksia löytyi majan raunioista hänen kuolemansa jälkeen – sekaisin ja savisina – ja Victor Barrucand otti asiakseen julkaista ne. Barrucand kuitenkin toimitti tekstejä rankalla kädellä karsien niistä sekä tulenarkoja poliittisia kommentteja että siihen aikaan muuten sopimattomina pidettyjä yksityiskohtia. Vasta aivan viime vuosina alkuperäiskäsikirjoitukset on julkaistu täydellisinä.

1900-luvulla pelkkä matkustaminen ei enää ollut naisellekaan seikkailu, ja Cookin ja muiden järjestämien kaukomaillekin ulottuvien pakettimatkojen yleistyessä siitä oli tullut turvallista lähes kaikkialla. Vuodesta 1930 lähtien *Orient Express* -junasta saattoi Konstantinopolissa vaihtaa *Taurus Express*iin, joka vei suoraan Bagdadiin saakka. Enää ei tarvinnut palkata omia turvamiehiä eikä osata ratsastaa.

Mutta yhä oli niitäkin naisia, jotka janosivat oikeaa seikkailua, ja niin haasteet kasvoivat. Kuuluisimpia nimiä olivat sellaiset kuin yksinlentäjä Amelia Earhart ja napamatkailija Louise Arner Boyd. Jälkimmäinen kirjoitti 1930-luvulla:

Siellä on jääkarhuja, myskihärkiä ja kettuja. Kaukaisin radioasema, jolla asuu ihmisiä, Eskimonaes (kylä) on kaukana takanamme. Lähin asutuskeskus on Scoresby Sound ja edessämme avautuvat suuret jäävuoret ja -lakeudet. Kylmää? Kyllä, tietenkin, mutta siinä kaikessa on ylimaallista suuruutta ja minä rakastan sitä! [37]

Ruotsalainen Eva Dickson oli ensimmäinen nainen, joka ylitti Saharan autolla. Hän oli myös Ruotsin ensimmäinen naispuolinen ralliautoilija ja kolmas ruotsalainen nainen, joka sai lentolupakirjan.

---

37 https://web.archive.org/web/20090720011433/http://www.marinhistory.org/article2.html (viitattu 21.10.2018)

Eva syntyi vuonna 1905 Steningen linnassa Sigtunassa varakkaan hevosten kasvattajan Albert Lindströmin tyttärenä. Kun perhe myöhemmin muutti Tukholmaan, hän seurusteli varakkaissa piireissä kaupungin trendikkäimmissä ravintoloissa. Parikymppisenä hän meni naimisiin ralliautoilija Olof Dicksonin kanssa, ja yhdessä he kiersivät Eurooppaa sekä autolla että moottoripyörällä. Myös Eva alkoi ajaa rallia ja voitti naisten sarjan, joka kulki nimellä *Dambiltävlingen*. Hän halusi kuitenkin lisää haasteita ja osallistui salanimellä miestenkin sarjoihin.

Vuonna 1930 Eva lähti ajamaan halki Euroopan ystävättärensä kanssa, mutta tämä ei enää miellyttänytkään aviomiestä. Välit viilenivät ja pari vuotta myöhemmin pariskunta erosi.

Seuraavana vuonna Eva lähti ystävättärensä kanssa Afrikkaan, ja julkaisi matkasta kirjan nimeltä *En Eva i Sahara*. He olivat ensimmäiset naiset, jotka ylittivät tämän autiomaan autolla – matkaan kului 27 päivää. Afrikassa he osallistuivat myös metsästyssafarille, jolla Eva tapasi Bror von Blixen-Finecken (kirjailija Karen Blixenin entisen aviomiehen).

Kotiin palattuaan Eva kiersi luennoimassa matkastaan otsikolla "Afrikan halki pyssyn ja auton kanssa". Seuraavana vuonna hän palasi Afrikkaan tutkimusretkikunnan mukana ja matkaili muun muassa Kongossa ja Ugandassa. Abessinian kriisin aikana 1935 hän toimi *Vecko-Journalen* -lehden sotakirjeenvaihtajana nykyisessä Etiopiassa. Sieltä hän ratsasti muulilla 2000 kilometrin matkan Keniaan Bror Blixenin luo.

He menivät myöhemmin naimisiin New Yorkissa ja viettivät häämatkansa purjehtien Ernest Hemingwayn ja Martha Gellhornin kanssa Karibialla.

Ennen asettumistaan lopullisesti avioelämään hän tahtoi kuitenkin vielä matkustaa Silkkitietä pitkin Tukholmasta Beijingiin – hän halusi olla ensimmäinen, joka tekisi tuon matkan autolla. Hän ajoi avonaisella Fordillan Saksan, Puolan, Romanian, Turkin, Syyrian ja Iranin kautta Afganistaniin. Siellä häntä neuvottiin kiertämään Intian kautta, koska hänen suunniteltu reittinsä olisi liian vaarallinen yksinäiselle naiselle.

Intiassa hän sairastui ja hänen rahansakin alkoivat käydä vähiin. Uutiset Kiinan ja Japanin välille puhjenneesta sodasta saivat hänet lopulta luopumaan kokonaan Beijingiin saakka ajamisesta. Hän kääntyi takaisin ja päätyi yhdeksän kuukauden jälkeen Bagdadiin.

Siellä hän löi vetoa erään englantilaisen kanssa, että ehtisi Eurooppaan nopeammin autollaan kuin mies laivalla – hän oli aiemminkin rahoittanut matkojaan lyömällä vetoa varakkaiden tuttaviensa kanssa. Hän kuitenkin menetti auton hallinnan ja ajoi tieltä tiukassa mutkassa heti Bagdadin ulkopuolella. Hän kuoli välittömästi.

Hänet tuotiin Ruotsiin haudattavaksi, koska aviomies oli ollut safarilla Kenian savanneilla ja kuuli tapauksesta vasta kuukausia myöhemmin.

༄

Suomalaiset tuntevat Helinä Rautavaaran, joka keräsi matkoiltaan mittavan kansatieteellisen kokoelman. Hän oli myös varsinainen seikkailija, joka viihdytti kokonaista sukupolvea värikkäillä matkakertomuksillaan, joita julkaistiin aikakauslehdissä.

Helinä Rautavaara syntyi Helsingissä vuonna 1928. Hänen isänsä oli tunnettu kasvitieteilijä ja luontaistuotteiden edelläkävijä Toivo Rautavaara, äiti oli toimistotöissä eduskunnassa. Hän meni naimisiin jo opiskeluaikoinaan ja kierteli yhdessä miehensä kanssa pitkin Eurooppaa. Mies osoittautui kuitenkin pian alkoholistiksi ja myrskyisä avioliitto loppui lyhyeen. Sen jälkeen Helinä halusi vain kauas pois kaikesta menneestä.

1950-luvulla hän rahoitti matkojaan kirjoittamalla niistä reportaaseja *Seura*-lehteen nimimerkillä "Peukaloliisa". Sopimuksen *Seura*-lehden kanssa hän tosin teki vasta ensimmäisen matkansa jälkeen, mutta artikkelisarjasta tuli niin suuri menestys, että seuraavan matkan kuvaus tilattiin jo etukäteen. Hän matkusti usein liftaten, mikä siihen aikaan oli vielä aivan tavatonta, varsinkin vaalealle tytölle arabimaissa.

Ensimmäinen matka vuonna 1954 vei Pohjois-Afrikkaan. Hän liftasi yhtä soittoa halki koko Euroopan Tukholmasta Tangeriin. Sieltä hän jatkoi halki Marokon Algeriaan ja Tunisiaan. Hänellä tuntui olevan koko ajan kiire eteenpäin ja matka taittui vauhdilla. Hän tutustui niin käärmeenlumoojiin kuin muukalaislegioonalaisiinkin. Tunisiassa hän joutui keskelle alueen itsenäisyystaisteluja.

Seura mainosti myöhemmin reportteriaan innoittuneesti:

Helinä Rautavaara, huimaavan seikkailusarjamme kirjoittaja, on nuori nainen, jonka päätä ei palele. Harva tyttö pystyy pyörtymättä tuijottamaan arabipartisaanin konepistoolin suuhun Tunisian tiettömässä erämaassa tai kestää vetistelemättä yöllisen poliisikuulustelun, jossa häntä uhkaavassa äänilajissa syytetään vakoilusta.[38]

Koskaan ei ole käynyt selväksi, eikö hän todellakaan piitannut vaaroista vai eikö hän yksinkertaisesti ymmärtänyt niitä. Matkan jälkeen hän kirjoitti muistikirjaansa vain: "Hengissä. Ei ryöstetty. Ei viety haaremiin."

Tunisiasta hän saapui Sisiliaan viinikorjuuaikaan, ja jäi sinne joksikin aikaa töihin viinitilalle. Sen jälkeen hän kiersi vielä Italiaa – jalan – ennen paluutaan pohjoiseen. Tukholmaan hän tuli juuri ennen joulua, rahattomana. Hän marssi *Dagens Nyheterin* toimitukseen tarjoamaan juttua seikkailuistaan. Haastattelu tehtiinkin ja se ilmestyi otsikolla *En finska bland beduiner.* Palkkiota siitä ei kuitenkaan maksettu, ja lopulta Helinän oli tiskattava laivalla maksaakseen matkansa Helsinkiin.

Seuraava matka vuonna 1955 vei itään päin, ja kesti kaikkiaan kaksi vuotta.

Hän matkusti ensin Syyriaan ja sieltä Jerusalemin kautta Jordaniaan ja Irakiin. Bagdadista hän jatkoi Teheraniin, mutta sieltä *Seura*-lehdelle lähetetty kirje hukkui matkalla, joten tässä kohtaa kertomuksessa on aukko. Pakistanin puolelle hän matkusti junalla ja sitten edelleen Intiaan. Intiassa oli vastassa kulttuurishokki, joka

---

38 Lehtimäki: Minä, Helinä Rautavaara, s. 51

oli niin paha, ettei hän kirjoittanut sieltä mitään. Myöhemminkin hän usein mainitsi vihaavansa Intiaa.

Ceylonista hän puolestaan piti niin paljon, että viipyi siellä yli puoli vuotta. Siellä hän pääsi osallistumaan muun muassa Buddhan 2500-vuotisjuhlaan, jossa olivat kunniavieraina Englannin prinssi Philip ja Japanin kruununprinssi.

Ceylonilla hän tapasi ryhmän suomalaisia lähetyssaarnaajia, jotka kertoivat hänelle Malediivien saarista. Heidän mukaansa siellä ei koskaan ollut käynyt valkoihoisia – ja tämähän oli Peukaloliisalle kuin kutsu. Sinnikkyydellä hän onnistui pääsemään sinne menevään laivaan. Myöhemmin hän kertoi viipyneensä siellä kuukauden, mutta *Seura*-lehden matkakertomuksen mukaan vain neljä päivää. Joka tapauksessa hän oli todellakin ensimmäinen valkoinen nainen saarilla.

Malediiveilta hän palasi takaisin Intiaan, jossa tapasi muun muassa Dalai Laman, ilmeisesti parikin eri kertaa.

Nepaliin hän matkusti junalla niin pitkälle kuin rautatietä riitti – sen jälkeen matka jatkui jalan yli Himalajan. Perillä Kathmandussa hän tapasi kirjavan joukon länsimaalaisia sekä myös maan kolmannen prinssin, joka kutsui hänet asumaan kuninkaalliseen palatsiin. Siellä hän sai vaihteeksi elää ylellisyydessä, jota varten hän myös oli varustautunut – vaikka kaikki matkatavarat kulkivat repussa, oli niiden joukossa aina iltapuku.

Paluu Kathmandusta Delhiin taittui kuninkaallisen lentokoneen kyydissä.

Seuraavaksi matka jatkui jälleen liftaten Khyber-solan kautta Afganistaniin. Sieltä hänellä oli kiire palata takaisin kotiin ehtiäkseen maisterinpromootioonsa.

Vuosina 1958-59 Helinä Rautavaara jatkoi psykologian opintojaan Amerikassa stipendiaattina. Psykologiaa enemmän häntä kuitenkin kiinnosti uusi manner, ja pian hän olikin jo polkupyörällä matkalla Meksikosta kohti Etelä-Amerikkaa. Tämä matka kesti kaikkiaan neljä vuotta, mutta siltä ei ilmestynyt Peukaloliisa-juttuja, joten reitti ja yksityiskohdat ovat jääneet hämärämmiksi.

Kolumbiasta sen sijaan on materiaalia. Maassa oli meneillään sisällissota, ja Helinä halusi ehdottomasti saada vuorilla piileskelevän sissipäällikön haastattelun. Sisukkuus palkittiin lopulta – ja samalla Helinä rakastui tulisesti. Ilmeisesti tunne oli molemminpuolinen, mikä saattoi koitua sissipäällikön kohtaloksi. Ecuadorin puolella Helinä nimittäin nautti täysin rinnoin saamastaan huomiosta. Hän antoi auliisti haastatteluja ja luovutti lehdille myös yhteiskuvan heistä – näin valtaapitävät saivat tietää, miltä kuuluisa Capitan Chispas näytti.

Ecuadorista Helinä jatkoi Peruun, Boliviaan, Chileen ja Argentiinaan. Valtavalla mantereella ja tiettömien taipaleiden takana hän oppi myös liftaamaan armeijan kuljetuskoneisiin. Tilannetta Pohjois-Argentiinassa hän kuvaa:

Mutta kun oli sotatila tilanne oli toinen. Minäkin vain kiertelin vuorilla ja istuin sotapoikien kanssa tankkien päällä ja mietin, miten sieltä pääsisi pois. Liftata ei

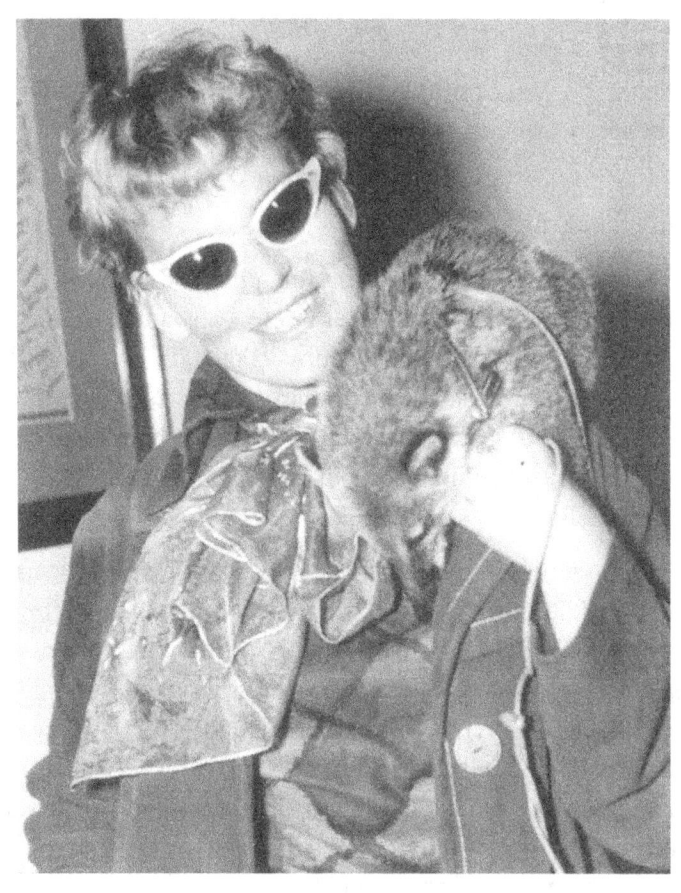

KUVA 19: Helinä Rautavaara vuonna 1961.
(Kuvaaja tuntematon)

voinut ja minä olin pyöräni myynyt Andien toisella puolella. [39]

Tämä nimenomainen lifti päättyi pakkolaskuun viidakkoon, jossa he joutuivat värjöttelemään kolme päivää ennen kuin kone saatiin korjattua.

Merkittävin kokemus Latinalaisessa Amerikassa oli kuitenkin Brasilia.

Brasiliassa hänet initioitiin *Candomble*-kulttiin, ja tästä alkoi syvällisempi tutustuminen afroamerikkalaisiin uskontoihin. Matka vei seuraavaksi niiden lähteille Dahomeyhin, Afrikkaan, jonne hän matkusti vuonna 1966 UNESCO:n kutsusta. Samalla matkalla hän osallistui Senegalissa maailman ensimmäisille mustan taiteen festivaaleille.

Paitsi muistiinpanoja ja valokuvia Helinä Rautavaara alkoi Latinalaisessa Amerikassa kerätä myös filmimateriaalia ja esineistöä. Kiinnostus erilaisiin uskontoihin kartutti tätä kokoelmaa nimenomaan rituaaliesineillä. Hän on itse kertonut, että käytyään Euroopan matkoillaan pääasiassa museoissa, oli aivan uskomaton kokemus löytää muualta elävää kulttuuria. Hän valitti myös, että sanat ymmärretään usein väärin, ja halusi siksi kertoa matkoistaan esinein.

Helinä Rautavaara palasi Brasiliaan vuosina 1969-71 saatuaan stipendin jatko-opintoihin Sao Paulon yliopistossa. Uusi materiaali käsitti yli 200 tuntia filmejä ja äänitteitä. Seuraavana vuonna hän aloitti opinnot Helsingin uudella uskontotieteen laitoksella. Hänen tavoitteenaan oli

---

39 Lehtimäki: Minä, Helinä Rautavaara, s. 125

tohtorintutkinto, mutta opinnot jäivät kesken laudaturvaiheessa.

1970-luvulla hän alkoi tehdä lyhyempiä turistimatkoja, joilla asui mukavissa hotelleissa. Kenian itsenäisyysjuhlillekin vuonna 1973 hän matkusti Keihäsmatkojen seuramatkalla – tosin kommentoiden halveksivasti kanssamatkustajiaan.

Tässä vaiheessa hänen matkansa suuntautuivat pääasiassa Afrikkaan. Hän filmasi Keniassa *Ten Great Years of Uhuru* -juhlan seremoniat, ja kuvasi vanhoja rituaaleja ja hautajaisia Ghanassa ja Nigeriassa.

Vuonna 1974 hän tapasi Nairobissa Idi Aminin, joka kutsui hänet Ugandaan. Suuri mies – niin maineeltaan kuin fyysiseltä kooltaankin – teki Helinään vaikutuksen, ja hän otti kutsun oitis vastaan. Hän kiersi Aminin kanssa eri puolilla maata kuuden viikon ajan (tarinan myöhempien versioiden mukaan kuuden kuukauden). Kotiin palattuaankin hän puolusti julkisesti tätä diktaattoria lehdistön kritiikkiä vastaan, ja kotonaan hänellä oli kokonainen nurkkaus, joka oli omistettu Aminille. Hän kuvaili Aminia myös "upeaksi rakastajaksi". Tämä ei ollut omiaan vahvistamaan hänen asemaansa varteenotettavana tiedenaisena. Mutta hän sanoikin itse "Minä en ole teoreettisista saivarteluista innostunut, vaan haluan näyttää kulttuurien rikkauden".

1980-luvulla kohteena oli Jamaika ja rastafarilaisuus, josta Helinä Rautavaara löysi varsinaisen henkisen kotinsa. Hänet initioitiin tähän uskontokuntaan ensin New Yorkissa ja Lontoossa ja myöhemmin Jamaikalla. Hän kuvasi muun muassa Bob Marleyn hautajaiset. Vielä Helsingissäkin hänen luonaan vieraili jatkuvasti rastamuusikoita eri puolilta maailmaa ja ikäpolvien kuilu ei tuntunut haittaavan. Koko 1980-luvun Helinä Rautavaara matkusteli tiuhaan sekä Afrikassa että Karibialla – 1990-luvulla tahti vain kiihtyi ja Helinä sukkuloi kaikilla mantereilla keräten lisää esineistöä lähes maanisesti.

Helinä oli hyvin värikäs persoona, jonka kanssa monien oli vaikea tulla toimeen. Toiset naureskelivat hänelle, toiset pitivät häntä jopa mielisairaana, ja yhä kiistellään muun muassa hänen kokoelmansa todellisesta kansatieteellisestä arvosta. Kiistatonta kuitenkin on, että hän oli todellinen maailmanmatkaaja.

9. Epilogi 2000-luvulla

2000-luvulla naisten matkailu omin päinkään ei enää ole tavatonta. Mutta tänä päivänä yksin matkustavien naisten suurin ongelma on usein aivan päinvastainen kuin vanhemmilla kanssasisarilla: monissa kohdemaissa meillä on vähemmän vapauksia kuin mihin me olemme tottuneet kotona.

Vaikeinta tämän päivän matkustaville länsimaalaisille naisille onkin sopeutua siihen, että on todellakin huomioitava koko ajan se, että on nainen: on muistettava pukeutumissäännöt ja varsinkin ilta-aikaan on varottava, missä kulkee. Vaikka onkin suositeltavaa, että kaikki matkalaiset perehtyisivät kohdemaansa tapoihin etukäteen ja myös kunnioittaisivat niitä, yksin matkustaville naisille se on erityisen tärkeää. Esimerkiksi omatoimimatkailijoiden suosiman *Lonely Planet*in matkaopas Malesiaan kehottaa naisia pukeutumaan peittävästi muslimialueilla ja neuvoo yöpymään mieluummin kiinalaisten kuin malaijien pitämissä hotelleissa – maan kiinalaisten kulttuuri on tasa-arvoisempi. Saman kustantajan Kuuban opaskirja puolestaan neuvoo yksin matkustavia naisia suhtautumaan oikein latinalaiseen macho-kulttuuriin – siihen kuuluu huutelu ja viheltely, johon paikalliset naiset osaavat asennoitua sopivalla ylenkatseella. Se varoittaa myös kiusallisista naimatarjouksista, koska avioliitto ulkomaalaisen kanssa voi auttaa halukkaita muuttamaan maasta. Monella suomalaisellakin verkkosivustolla ja matkablogissa annetaan nykyisin hyviä neuvoja yksin matkaan lähteville naisille.

Ryöstön kohteeksi voivat joutua miehetkin, mutta seksuaalinen häirintä on nimenomaan naisten riesa. Kulttuureissa, joissa naiset eivät liiku yksin kodin ulkopuolella, kyse saattaa olla yksinkertaisesti väärinkäsityksestä, mutta se ei toki tee tilanteesta sen helpompaa. Viattomampi versio ovat turistikeskusten rattopojat, jotka eivät osaa tehdä eroa niiden välillä, jotka ovat tulleet etsimään seuraa (niitäkin on) ja niiden jotka eivät sitä halua.

Vielä 2000-luvullakin yksin tai ystävättären kanssa matkustava nainen joutuu jatkuvasti selittelemään, miksi hänellä/heillä ei ole miespuolista seuralaista – miehiltä ei koskaan kysytä, miksei heillä ole naista mukanaan. Matkusteltuani nuorempana pitkään yksin ja naisseurassa ehdin jo tottua näihin uteluihin. Mutta kun sitten myöhemmin jatkoin matkustelua puolison kanssa, törmäsin edelleen samaan kysymykseen, jos erosimme hetkeksikään. Jos menin yksin tuttuun ravintolaan, minulta kysyttiin heti, missä mieheni oli – jos hän meni sinne yksinään, kukaan ei ihmetellyt, missä minä olin.

Osin tämä on ymmärrettävää kulttuureissa, joissa naisen asema on edelleen sidottu kotiin ja perheeseen.

Monissa maissa tilanne ei ole muuttunut sitten viktoriaanisten aikojen ja monet kanssasisaret käyttävät yhä edelleen samantapaista keinoa kuin Mary Kingsley aikanaan. Aviomies tai poikaystävä ei ehkä sentään ole kadonnut viidakkoon, mutta hän on esimerkiksi "tulossa perässä" tai "odottaa määränpäässä". Kyse ei ole aina turvallisuuden varmistamisesta vaan yksinkertaisesti pitkällisten selittelyjen väistelemisestä.

Mutta moni joutuu selittelemään valintaansa kotimassaankin, ja sitä on vaikeampi hyväksyä.

Yleisin argumentti naisten soolomatkailua vastaan on edelleenkin turvallisuus (vain harva on huolissaan yksin matkustavien miesten turvallisuudesta).

Kun amerikkalainen naisvalokuvaaja murhattiin lomamatkallaan Turkissa helmikuussa 2013, suurin osa uutisen kirvoittamista kommenteista NBC:n televisiokanavan verkkosivuilla ei koskenut niinkään Turkin turvallisuustilannetta kuin sitä, että tämä 33-vuotias perheenäiti oli ollut matkalla yksin. Tuohtunut yleisö kirjoitti muun muassa: "Yksinäisen naisen matkailussa on aina riski. Vieraassa maassa se on yksinkertaisesti tyhmää." ja "Naisen ei pidä koskaan matkustaa yksin.", jopa äijämäisesti "Minä en missään tapauksessa päästäisi kaunista vaimoani ulos ovesta matkustamaan mihinkään maahan yksinään." [40] Kommenteista seurasi sanasota. Matkailevat naiset puolustautuivat sankoin joukoin ja saivat vastaansa

---

40 http://www.forbes.com/sites/elisadoucette/2013/02/07/
sarai-sierra-emphasizes-that-women-need-to-keep-
traveling/#1949f7df1f04 (viitattu 19.8.2016)

hyökyaallon stereotypioita, ennakkoluuloja, perusteettomia olettamuksia ja haukkuja "radikaalifeminismistä".

Vielä pahempi oli reaktio kun kaksi nuorta argentiinalaista reppumatkailijanaista tapettiin Ecuadorissa helmikuussa 2016. Hyökkääjien sijasta sosiaalisessa mediassa syyllistettiin naisia itseään – mitäs ryhtyivät niin vaaralliseen leikkiin.[41] Tämä tapaus synnytti maailmanlaajuisen #viajosola (matkustan yksin) -liikkeen, jolla soolomatkailevat naiset tukevat toisiaan.

Naisten on yhä oltava varuillaan matkustaessaan yksin, mutta se ei tarkoita sitä, etteivät he voisi tai saisi matkustaa omin päin. Maalaisjärki on hyvä varuste – typeryys on vaarallista niin naisille kuin miehillekin.

Yksin matkustaminen on rajojen ylittämistä. Sukupuoliroolien rajoitusten lisäksi oli varhemmin usein kyse sosiaalisten rajojen rikkomisesta, nykyisin koetellaan ennen muuta omia henkisiä rajoja.

Matkatoimisto Ebookers raportoi maaliskuussa 2017 naisten soolomatkailun olevan tasaisessa kasvussa. Syyksi arveltiin niin naisten koulutus- kuin elintasonkin nousua ja yleisen tasa-arvokehityksen tuomaa itsenäisyyttä sekä liikkumisvapautta.

Suomalainen Sissi Korhonen, joka on pyöräillyt yksin eri puolilla maailmaa kirjoittaa rehellisesti ja kaunistelematta otsikolla "Nainen matkusta, vaikka sinun ei kyllä pitäisi", muun muassa näin:

---

41 http://www.cntraveler.com/stories/2016-03-17/viajosola-why-women-should-never-stop-traveling-alone (viitattu 19.8.2016)

Siitä huolimatta, että uskon ihmisten hyvyyteen, ymmärrän suomalaisen naisen (vaikken suomalaisten standardien mukaan ole edes vaaleahiuksinen) olevan eksoottinen näky Etelä-Amerikassa (tai lähes missä tahansa muualla kuin Suomessa) – aivan kuin brasilialaisnainen olisi Lapissa. Niinpä yritän sekä teoillani että pukeutumisellani (ei venyttelyä julkisilla paikoilla, ei eläinkuoseja...) herättää mahdollisimman vähän huomiota. Mutta kun ulkomaalaisyhtälöön lisätään polkupyörä ja hikiset vaatteet, niin a vot. Miehet tuijottavat ja tööttäilevät. Rohkeimmat saattavat ruokakaupassa kuiskata rivouksia korvaan tai pysäyttää autonsa tien laitaan seksiä ehdottaakseen. Niin rasittavaa kuin tämä onkin, tämä on se hinta, jonka olen rakkaasta seikkailustani valmis maksamaan. [42]

Kun omin päin matkustaminen on naisille vielä tänäänkin näin ongelmallinen ilmiö, voi vain kuvitella kuinka vaikeaa se oli varhaisempina aikoina. Ne, jotka raivasivat tien tämän päivän matkaileville naisille, olivat todellisia pioneereja.

---

42 http://www.seikkailijattaret.fi/nainen-matkusta-vaikka-sinun-ei-pitaisi/ (viitattu 2.10.2018)

Henkilöluettelo

Baret, Jeanne (1740-1807)

(myös Baré, Barret)

Ranskalainen nainen, joka purjehti maailman ympäri Bougainvillen tutkimusretkikunnan mukana mieheksi naamioituneena (hän käytti nimeä Jean Baret).

Bell, Gertrude (1868-1926)

Englantilainen arkeologi, joka teki varsinaiset matkansa 1900-luvun alussa Lähi-idässä. Hänet palkattiin myöhemmin brittiläisen siirtomaahallinnon palvelukseen asiantuntijaksi ja sen jälkeen vasta perustetun Irakin valtion hallintoon.

Bird Bishop, Isabella (1831-1904)

Skotlantilainen maantieteilijä ja matkakirjailija, jonka teokset olivat aikansa bestsellereitä – niistä otetaan uusintapainoksia yhä vieläkin.

Bremer, Fredrika (1801-1865)

Suomessa syntynyt ruotsalainen kirjailija ja naisasianainen, joka kirjoitti myös laajat yhteiskunnalliset matkakuvaukset sekä Amerikasta että Euroopasta ja Lähi-idästä.

David-Neel, Alexandra (1868-1969)

Ranskalainen orientalisti, joka matkusteli suurimman osan elämästään eri puolilla Aasiassa. Kuuluisa ennen muuta matkastaan jalkapatikassa Kiinasta Tiibetiin ja sieltä Intiaan.

Dickson, Eva (1905-1938)

Ruotsalainen matkakirjailija ja seikkailija, joka ajoi ensimmäisenä naisena autolla halki Saharan.

Digby el Mezrab, Jane (1807-1881)

Englantilainen säätyläisnainen, joka oli kuuluisa skandaalimaisista rakkausseikkailuistaan eri puolilla Eurooppaa. Myöhemmin hän matkaili laajalti Lähi-idässä ja lopulta avioitui siellä syyrialaisen sheikin kanssa.

Durham, Edith (1863-1944)

Englantilainen taiteilija ja kirjailija, joka tunnetaan matkoistaan ja antropologisista kuvauksistaan viime vuosisadan alun Albaniasta.

Eberhardt, Isabelle (1877-1904)

Sveitsissä syntynyt ja kasvanut saksalais-venäläinen seikkailija, joka muutti Pohjois-Afrikkaan ja matkusteli aavikoilla mieheksi pukeutuneena.

Egeria (300-luku)

(myös Etheria, Aetheria)

Nunna, jonka kirjoittama yksityiskohtainen päiväkirja on ensimmäinen säilynyt matkakuvaus pyhiinvaellukselta.

French Sheldon, Mary (May) (1848-1936)

Amerikkalainen kirjailija ja kustantaja, joka teki tutkimusmatkan Afrikkaan ja kirjoitti siitä ansiokkaan kansatieteellisen kuvauksen.

Gaunt, Mary (1861-1942)

Australialainen bestsellerkirjailija, joka ryhtyi myöhemmällä iällään kirjoittamaan myös matkakertomuksia.

Gudrídr Thorbjarnardóttir (1000 -luku)

Islantilainen viikinki, joka matkusti miehensä kanssa Viinimaan siirtokuntaan Amerikkaan. Leskeksi jäätyään hän teki jalkaisin pyhiinvaelluksen halki koko Euroopan Roomaan.

Kempe, Margery (1373-1438)

Keskiaikainen englantilaisnainen, joka tunnetaan ennen muuta uskonnollisena mystikkona. Hänen muistelmissaan kuvaillaan pyhiinvaelluksia sekä kotimaassa että Jerusalemiin ja Keski-Euroopan pyhille paikoille.

Kingsley, Mary (1862-1900)

Itseoppinut englantilainen antropologi, joka matkaili Länsi-Afrikassa tutkien heimojen uskonnollisia tapoja.

Marsden, Kate (1859-1931)

Englantilainen sairaanhoitaja, joka matkusti yksin halki Siperian.

Merian, Maria Sibylla (1647-1717)

Saksalaissyntyinen luonnontieteilijä ja taiteilija, joka tutki kasveja ja hyönteisiä Hollannin Surinamissa.

North, Marianne (1830-1890)

Englantilainen taiteilija, joka otti tehtäväkseen maalata eksoottisia kasveja niiden luonnollisissa ympäristöissä kaikilla mantereilla.

Peck, Annie Smith (1850-1935)

Amerikkalainen vuorikiipeilijä ja naisasianainen.

Pfeiffer, Ida (1797-1858)

Itävaltalainen matkailija, joka rahoitti matkansa kirjoittamalla niistä kuvauksia ja keräämällä luonnontieteellisiä näytteitä.

Pyhä Bona Pisalainen (n.1156-n.1207)

Italialainen pyhiinvaeltaja, jota pidetään nykyisin muun muassa matkaoppaiden ja lentoemäntien suojeluspyhimyksenä.

Rautavaara, Helinä (1928-1998)

Suomalainen seikkailija, joka liftaili ympäri maailmaa 1950-luvulla ja kirjoitti matkoistaan lehtijuttuja. Myöhemmin keräsi mittavan kansatieteellisen kokoelman matkoiltaan ennen muuta Brasiliassa ja Afrikassa.

Sacagawea (1788-1812/1884)

(myös Sakakawea, Sacajawea)

Shoshone-intiaani, joka toimi Lewisin ja Clarkin retkikunnan oppaana ja tulkkina Pohjois-Amerikan länsiosissa vuosina 1805-1806.

Schopenhauer, Johanna (1766-1838)

Saksalainen kirjailija. Kirjoitti matkakuvaksia rahoittaakseen matkustelunsa.

Slessor, Mary (1848-1915)

Skotlantilainen lähetyssaarnaaja, joka ylläpiti yksin lähetysasemaa Länsi-Afrikassa.

Stanhope, Hester (1776-1839)

Englantilainen yläluokkainen seikkailija, joka asettui Lähi-itään.

Taylor, Hannah (Annie) Royle (1855-1922)

Englantilainen lähetyssaarnaaja, joka matkusti Kiinassa ja Tiibetissä.

Tinné, Alexandrine (Alexine) (1835-1869)

Hollantilainen matkailija, joka teki tutkimusmatkoja Niilillä äitinsä ja tätinsä kanssa. Myöhemmin yritti matkustaa omin päin halki Saharan, mutta surmattiin matkalla.

Lähteet

- ALEXANDRA David-Neel Officiel (Official website). http://www.alexandra-david-neel.fr/ (viitattu 23.5.2016)

- ALEXANDRINE Tinne, the female African explorer. – Appleton's journal Vol. 3, Issue 53.

- ANDERSON, Monica. Women and the Politics of Travel, 1870-1914. – Fairleigh Dickinson University Press, 2006.

- BEEK, Nicky van de: The stubborn travels of Alexine Tinne

- http://nickyvandebeek.com/2015/03/the-stubborn-travels-of-alexine-tinne/ (viitattu 4.5.2016)

- BIRD, Isabella:

   ○ An Englishwoman in America. - John Murray, 1856.

   ○ Hawaiian archipelago : Six months among the palm groves, coral reefs, & volcanoes of the Sandwich Islands. - John Murray, 1875.

   ○ A lady's life in the Rocky Mountains. - John Murray, 1879.

   ○ Unbeaten tracks in Japan.- John Murray, 1880.

- The Golden Chersonese and the way thither.- John Murray, 1883.
- Journeys in Persia and Kurdistan. - John Murray, 1891.
- Among the Tibetans. - Religious Tract Society, 1894.
- Korea and her neighbours. - John Murray, 1898.
- The Yangtze Valley and beyond. - John Murray, 1899.

- BIRKETT, Dea:

  - Off the beaten track. Three centuries of women travellers. – The National Portrait Gallery, 2004.
  - Spinsters Abroad. Victorian Lady Explorers. – Basil Blackwell, 1989.

- BLANCH, Lesley: Kärlekens hetare stränder / övers. Ingeborg Essén. – (Alkuteos: The wilder shores of love). – Bonniers, 1957.

- BODDY-EVANS, Alistair: Mary Henrietta Kingsley. – About.com : African History

- http://africanhistory.about.com/library/weekly/aa011002a.htm (viitattu 10.5.2016)

- BOISSEAU, Tracey Jean: White Queen. May French-Sheldon and the Imperial Origins of American Feminist Identity. – Indiana University Press, 2004.

- BURMAN, Carina: Bremer. En biografi. – Bonniers, 2001.

- DAVID-NEEL, Alexndra: En parisiskas resa till Lhasa. Till fots och med tiggarstav från Kina till Indien genom Tibet. / Övers. av Britt Arenander. – (Alkuteos: Voyage d'une Parisienne à Lhassa, à pied et en mendiant de la Chine à l'Inde à travers le Tibet.) – Alba,1987.

- DAVIDSON, Lillias Campbell: Hints to lady tavellers. At home and abroad. - Royal Geographical Society. - Reprint edition - Elliott & Thompson Limited, 2011.

- DEARBORN, Leah: These early mountaineering women were total badasses and scaled huge peaks in skirts. http://allday.com/post/9281-these-early-mountaineering-women-were-total-badasses-and-scaled-huge-peaks-in-skirts/ (viitattu 3.9.2016)

- DURHAM, Mary E[dith]: Through the lands of the Serb. – Edward Arnold, 1904

- EBERHARDT, Isabelle: Islamin siimeksessä. / suom. ja esipuhe Marja Haapio. – (Alkuteos; Dans l'hombre chaud de l'Islam). – Basam Books, 2007

- EVA Amalia Maria Dickson, www.skbl.se/sv/artikel/EvaDickson, Svenskt kvinnobiografiskt lexikon (artikel av Emma Severinsson), hämtad 2018-10-11.

- FOSTER, Barbara M. and Foster, Michael: Forbidden journey. The life of Alexandra David-Neel. – Harper & Row, 1987.

- FRENCH SHELDON, May:

  ○ Sultan to Sultan. Adventures among the Masai and other tribes of East Africa. - Saxon&Co, 1892.

  ○ An African expedition. Artikkeli julkaisussa: The Congress of Women: Held in the Woman's Building, World's Columbian Exposition, Chicago, U. S. A., 1893. Edited by Mary Kavanaugh Oldham Eagle.- Chicago, ILL: Monarch Book Company, 1894. - pp. 131-134.

- HAMALIAN, Leo: Alexine and the Nile. Saudi Aramco World, Vol 34, nr 1, January/February 1983, ss. 22-23.

- HEINEMANN, Laila: Matkakirja. Matkailua ja matkailijoita kautta aikojen. – BoD Finland, 2016.

- HELINÄ Rautavaara kertoo. - YLEn Elävä arkisto, 1991 (julkaistu 28.8.2008.) http://yle.fi/aihe/artikkeli/2008/08/28/helina-rautavaara-kertoo

- HOLCOMB, Briavel: Women travellers at fins de siecles. – Focus. Win93, Vol. 43 Issue 4, p. 11-.

- HOWELL, Georgina: Daughter of the desert. The remarkable life of Gertrude Bell. – e-book edition – Pan Books, 2012.

- HÖJER, Signe: Mary Kingsley, forskningsresande i Västafrika. – LTs förlag, 1973.

- JOKINEN, Anniina: Margery Kempe (ca. 1373-1439). Anthology of Middle English Literature. (3

January, 2004)
http://www.luminarium.org/medlit/margery.htm
(viitattu 27.3.1016)

- KINGSLEY, Mary: Travels in West Africa, Congo Francais and Cameroons. - Macmillan, 1897.

- LARSSON, Mats G.: Vinland det goda. Nordbornas färder till Amerika under vikingatiden. – Atlantis, 1999.

- The LAST travels of Ida Pfeiffer : inclusive of a visit to Madagascar, with a biographical memoir of the author. – New York : Harper & Brothers, 1861.

- LEHTIMÄKI, Helena: Minä, Helinä Rautavaara. – Otava, 1998.

- LINDEN, Eugene: The Vikings. A memorable visit to America. – The Smithsonian Magazine, September 2004.
http://www.smithsonianmag.com/history/the-vikings-a-memorable-visit-to-america-98090935/?all (viitattu 26.3.2016)

- LOVELL, Mary S.: A scandalous life. The biography of Jane Digby. – e-book edition – HarperCollinsPublishers, 2012.

- MARIANNE North - Botanical Artist (1830-1890) / Plant Explorers.com
http://www.plantexplorers.com/explorers/botanical-artists/marianne-north.htm   (viitattu 22.4.2016)

- MARIANNE North and the Marianne North Gallery / Royal Botanic Gardens, Kew. http://www.kew.org/mng/marianne-north.html (viitattu 22.4.2016)

- MATTHIS, Moa: Pionjärer och feminister. Om fyra kvinnliga författare och äventyrare. – Norstedts, 2006.

- MICHAELS Jennifer: An Unusual Traveler: Ida Pfeiffer's Visit to the Holy Land in 1842. - Quest. Issues in Contemporary Jewish History. Journal of Fondazione CDEC, n. 6 December 2013. http://www.quest-cdecjournal.it/focus.php?id=340 (viitattu 24.1.2017)

- MIDDLETON, Dorothy: Victorian lady travellers. – Routledge and Kegan Paul, 1965.

- NELSON, Lynn: Margery Kempe. Lectures in Medieval history. http://www.vlib.us/medieval/lectures/margery.html (viitattu 27.3.2016)

- NORTH, Marianne:

  ○ Recollections of a happy life : Being the Autobiography of Marianne North. Vol. 1-2 / Edited by Catherine North Symonds. - MacMillan, 1892.

  ○ Further recollections of a happy life : Selected from the Journals of Marianne North. / Edited by Catherine North Symonds. - MacMillan, 1893.

- RUSSELL, Mary: The blessings of a good thick skirt : Women travellers and their world. – Collins, 1988.

- SILJEHOLM, Ulla & Olof: Resenärer i långkjol. – Carlssons, 1996.

- SOMERS HEIDHUES, Mary: Woman on the road. Ida Pfeiffer in the Indies. – Archipel, volume 68, 2004. pp. 289-313. http://www.persee.fr/docAsPDF/arch_0044-8613_2004_num_68_1_3839.pdf (viitattu 6.4.2016)

- STODDART, Anna M.: The life of Isabella Bird (Mrs. Bishop). – John Murray, 1906.

- The STORY of Ida Pfeiffer and her Travels in Many Lands / By Anonymous. – D. Murray Smith, comp. T. Nelson & Sons, 1881.

- THIS grand beyond. The travels of Isabella Bird Bishop / Selected by Cicely Palser Havely. – Century, 1984.

- VIINIMAAN saaga. Teoksessa SAAGAT. Suom. Jyrki Mäntylä. – Helsinki : Otava, 1987.

- VINLAND Sagas http://naturalhistory.si.edu/vikings/voyage/subset/vinland/sagas.html (viitattu 26.3.2016)

- WALLACH, Janet: Desert Queen. The extraordinary life of Gertrude Bell, adventurer, adviser to Kings, ally of Lawrence of Arabia. – Phoenix Giant Paperback, 1999.

- WILLINK, Robert Joost: The Fateful Journey. The expedition of Alexine Tinne and Theodor von Heuglin in Sudan (1863-1864). – Amsterdam University Press, 2011

Lähteinä käytetty myös Wikipedian artikkeleita seuraavista henkilöistä:

- Alexandrine Tinné

- Annie Smith Peck

- Edith Durham

- Eva Dickson

- Fredrika Bremer

- Gertrude Bell

- Isabelle Eberhardt

- Jeanne Baret

- Margery Kempe

- Sacagawea

Lisäksi yksittäisiä verkkoartikkeleita, jotka mainittu vain alaviitteissä.

Kuvalähteet

- **Kuva 1:** Ida Pfeiffer. (Kuva julkaisusta Die Gartenlaube, 1897) By Various - Scan from the original work, Public Domain, https://commons.wikimedia.org/w/index.php?curid=5598184

- **Kuva 2:** Kate Marsden matka-asussaan. By Unknown - Published in On Sledge and Horseback to Outcast Siberian Lepers (1892). Scanned image, Public Domain, https://commons.wikimedia.org/w/index.php?curid=17159782

- **Kuva 3:** Lady Hester Stanhope. (Wellcome collection) By https://wellcomecollection.org/works/e9whgp78 CC4.0

- **Kuva 4:** Margery Kempe. By Poliphilo - Own work, CC0, https://commons.wikimedia.org/w/index.php?curid=19972764

- **Kuva 5:** Gudrídrin patsas. By Gbuchana - Projektista en.wikipedia Commonsiin., Public Domain, https://commons.wikimedia.org/w/index.php?curid=4528720

- **Kuva 6:** Edith Durham Albaniassa 1913. PD-US, https://en.wikipedia.org/w/index.php?curid=6464465

- **Kuva 7:** Felicité Carrel kiipeämässä Matterhornille. http://2.bp.blogspot.com/-gfdf0RXdse4/T0ZBmvGZ5UI/AAAAAAAAAEE/-5UIMfJtbyk/s1600/06+Woman+climber+Illustrated+London+News+18.9.86.jpg

- **Kuva 8:** Fredrika Bremer. By User Tagishsimon on en.wikipedia - Project Gutenberg eText 13623 - http://www.gutenberg.org/etext/13623 , Public Domain, https://commons.wikimedia.org/w/index.php?curid=1185041

- **Kuva 9:** Isabella Birdin teoksen 6. painoksen nimiösivu. Murray, 1894. Public domain https://archive.org/stream/ladyslifeinrocky00birdrich#page/n7/mode/2up

- **Kuva 10:** Isabella Bird. By G.P. Putnam's Sons - This image is available from the New York Public Library's Digital Library under the digital ID 826842: digitalgallery.nypl.org → digitalcollections.nypl.org –Printed on border: "From 'The Yangtze valley." "Copyright 1899 by G.P. Putnam's Sons.", Public Domain, https://commons.wikimedia.org/w/index.php?curid=16300666

- **Kuva 11:** Ida Pfeiffer. By Adolf Dauthage - Eigenes Foto einer Originallithographie, Public Domain, https://commons.wikimedia.org/w/index.php?curid=3744133

- **Kuva 12:** Mary Kingsley. (Wellcome images) By http://wellcomeimages.org/indexplus/obf_images/14/5c/b279b3ff788f6bc3e35a1945dd73.jpg, CC BY 4.0

- **Kuva 13:** Marianne North. By Julia Margaret Cameron - Scanned from Colin Ford's Julia Margaret Cameron: 19th Century Photographer of Genius, ISBN 1855145065. Originally from a private collection., Public Domain, https://commons.wikimedia.org/w/index.php?curid=9418026

- **Kuva 14:** Gertrude Bell Babylonin kaivauksilla. By Unknown - picture copied from the Gertrude Bell Archive, Public Domain, https://commons.wikimedia.org/w/index.php?curid=1178123

- **Kuva 15:** Kairon konferenssi. (United Kingdom Government collections) By Unknown - The letters of Gertrude Bell in two volumes.II, Ernest Benn, published 1927. p.590., Public Domain, https://commons.wikimedia.org/w/index.php?curid=19495484

- **Kuva 16:** Alexandra David-Neel. By Preus museum - Flickr: Alexandra David-Neels, CC BY 2.0, https://commons.wikimedia.org/w/index.php?curid=14876154

- **Kuva 17:** May French Sheldonin kantotuoli (Wellcome images). By http://wellcomeimages.org/indexplus/obf_images/45/cd/7095fd703edd97d2b6891e28b99c.jpg , CC BY 4.0

- **Kuva 18:** Alexine Tinne. Kuva julkaisusta Die Gartenlaube. 1869. By Various - Skannattu alkuperäisestä kirjasta, Public Domain, https://commons.wikimedia.org/w/index.php?curid=5984966

- **Kuva 19:** Helinä Rautavaara. By Anonyymi - Lehtimäki, Helena: Minä Helinä Rautavaara, p. 121. (Helsinki 1998.), Public Domain,https://commons.wikimedia.org/w/index.php?curid=41346396

www.ingramcontent.com/pod-product-compliance
Lightning Source LLC
Chambersburg PA
CBHW052312220526
45472CB00001B/78